校企合作职业本科教育精品教材

机械制图与 AutoCAD 习题集

主审　张玉芝

主编　李秀娜　韩凤起　王红光

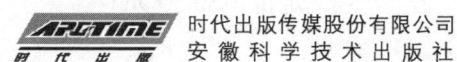
时代出版传媒股份有限公司
安徽科学技术出版社

图书在版编目（CIP）数据

机械制图与 AutoCAD 习题集 / 李秀娜，韩凤起，王红光主编. --合肥：安徽科学技术出版社，2025.1.
ISBN 978-7-5337-9268-8

Ⅰ.TH126-44

中国国家版本馆 CIP 数据核字第 20254LU935 号

JIXIE ZHITU YU AutoCAD XITIJI

机械制图与 AutoCAD 习题集　　　　主编　李秀娜　韩凤起　王红光

出 版 人：王筱文　　　选题策划：王 利　　　责任编辑：吴 夙
责任校对：程苗苗　　　责任印制：阮怀平　　　装帧设计：北京金企鹅

出版发行：安徽科学技术出版社　　　　http://www.ahstp.net
　　　　（合肥市政务文化新区翡翠路 1118 号出版传媒广场，邮编：230071）
　　　　电话：（0551）63533330

印　　制：北京时代华都印刷有限公司　　电话：（010）61015014
　　　　（如发现印装质量问题，影响阅读，请与印刷厂商联系调换）

开本：787×1092　1/16　　　印张：15　　　字数：381 千
版次：2025 年 1 月第 1 版　　印次：2025 年 1 月第 1 次印刷

ISBN 978-7-5337-9268-8　　　　　　　　　　　　　定价：39.80 元

版权所有，侵权必究

前言

本习题集结合近年来各职业本科院校的教改实践和编者多年的教学经验编写而成,与《机械制图与 AutoCAD》教材配套使用。本习题集旨在帮助学生有效掌握机械制图的基本方法,巩固和提高识读与绘制机械图样的技能,并掌握 AutoCAD 软件的基本操作,为后续课程的学习打下坚实的基础。

本习题集主要具有以下特点。

1. 立足实践,有的放矢

本习题集针对职业本科院校学生的特点和实际情况,结合教学大纲对各知识点的不同要求,适当弱化了对理论知识的考查,更注重实践应用方面的技能训练。

2. 题型多样,科学编排

本习题集涵盖选择、改错、填空、画图等多种题型,改变了传统的单一绘图作业模式,可使学生以多种形式巩固知识和技能,题型丰富、考察全面。同时,本习题集在内容设置上由浅入深、循序渐进,符合学生的认知规律。这样,不仅利于提升学生的学习信心,还利于培养学生的空间想象、形体分析能力。

3. 学练对应,难易结合

本习题集与配套的教材紧密贴合,可使学生在学习完相关知识后,及时巩固课堂所学内容。本习题集还针对重要知识点设置了不同难易程度的习题,可满足不同专业学生的需要,同时便于教师因材施教。

4. 数字资源，平台辅助

本习题集配有丰富的数字资源。读者可以登录文旌综合教育平台"文旌课堂"查看和下载本习题集的配套资源，如习题答案等。读者在学习过程中有任何疑问，也都可以登录该平台寻求帮助。

本习题集由张玉芝担任主审，李秀娜、韩凤起、王红光担任主编，马浩林、韩彦龙、盛明军、莫伟杰担任副主编，田姗姗、杨正意、刘志雷、王雪纯、梁成成参与编写。由于编者水平有限，书中难免存在疏漏或不当之处，敬请广大读者批评指正。

🔍 | 本书配套资源下载网址和联系方式

网址：https://www.wenjingketang.com
电话：400-117-9835
邮箱：book@wenjingketang.com

目录

项目一　机械制图的基本知识和基本技能 …………………………………………………………… 1
　1-1　字体 ……………………………………………………………………………………………… 3
　1-2　图线 ……………………………………………………………………………………………… 5
　1-3　尺寸注法 ………………………………………………………………………………………… 7
　1-4　常用几何图形的画法 …………………………………………………………………………… 13
　1-5　平面图形的画法 ………………………………………………………………………………… 19
　1-6　尺规绘图的综合练习 …………………………………………………………………………… 21

项目二　立体的投影规律及应用 ………………………………………………………………………… 23
　2-1　三视图的投影规律 ……………………………………………………………………………… 25
　2-2　点的投影 ………………………………………………………………………………………… 33
　2-3　直线的投影 ……………………………………………………………………………………… 37
　2-4　平面的投影 ……………………………………………………………………………………… 41
　2-5　平面立体的画法 ………………………………………………………………………………… 45
　2-6　回转体的画法 …………………………………………………………………………………… 49
　2-7　基本体的尺寸注法 ……………………………………………………………………………… 53
　2-8　截交线的画法 …………………………………………………………………………………… 55
　2-9　相贯线的画法 …………………………………………………………………………………… 61

项目三 组合体与轴测图的画法 ... 67
3-1 组合体的形体分析 ... 69
3-2 组合体的画法 ... 71
3-3 组合体的尺寸注法 ... 77
3-4 组合体视图的识读 ... 81
3-5 正等轴测图的画法 ... 93
3-6 斜二等轴测图的画法 ... 95
3-7 组合体画法的综合练习 ... 97

项目四 机件的表示方法 ... 101
4-1 基本视图和向视图 ... 103
4-2 局部视图和斜视图 ... 107
4-3 剖视图 ... 109
4-4 断面图 ... 129
4-5 局部放大图 ... 133
4-6 简化画法 ... 135
4-7 机件表示方法的综合练习 ... 137

项目五 标准件与常用件的画法 ... 139
5-1 螺纹的基本知识和画法 ... 141
5-2 螺纹紧固件及其连接的画法 ... 147
5-3 齿轮的画法 ... 151
5-4 键连接与销连接的画法 ... 157
5-5 滚动轴承的画法 ... 163
5-6 弹簧的画法 ... 165

项目六 零件图与装配图的画法和识读 ... 167
6-1 零件图的内容 ... 169
6-2 零件图的视图选择 ... 171

6-3 零件图的尺寸注法 ·· 173
6-4 零件图的技术要求 ·· 177
6-5 零件图的识读 ·· 185
6-6 零件测绘 ·· 195
6-7 装配图的内容 ·· 199
6-8 装配图的尺寸注法和技术要求 ···································· 203
6-9 装配图的识读 ·· 205
6-10 由装配图拆画零件图 ·· 211

项目七　AutoCAD 的基本操作及应用 ·································· 213
　　7-1 用 AutoCAD 绘制平面图形 ···································· 215
　　7-2 用 AutoCAD 标注尺寸 ·· 221
　　7-3 用 AutoCAD 绘制机械图样 ···································· 223

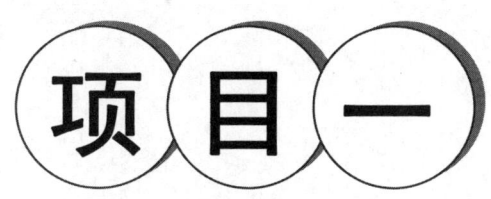

项目一

机械制图的基本知识和基本技能

1-1 字体

按照字体示例，在空格中临摹汉字、字母和数字。

机械制图标准手册审核要求尺寸标注投影特殊符号

字体工整笔画清晰间隔均匀排列整齐横平竖直填满方格长仿宋体组合体

1234567890φ

1234567890

ABCDEFGHIJKLMNOPQRSTUVWXYZ

abcdefghijklmnopqrstuvwxyz

班级_____ 学号_____ 姓名_____

1-2 图线

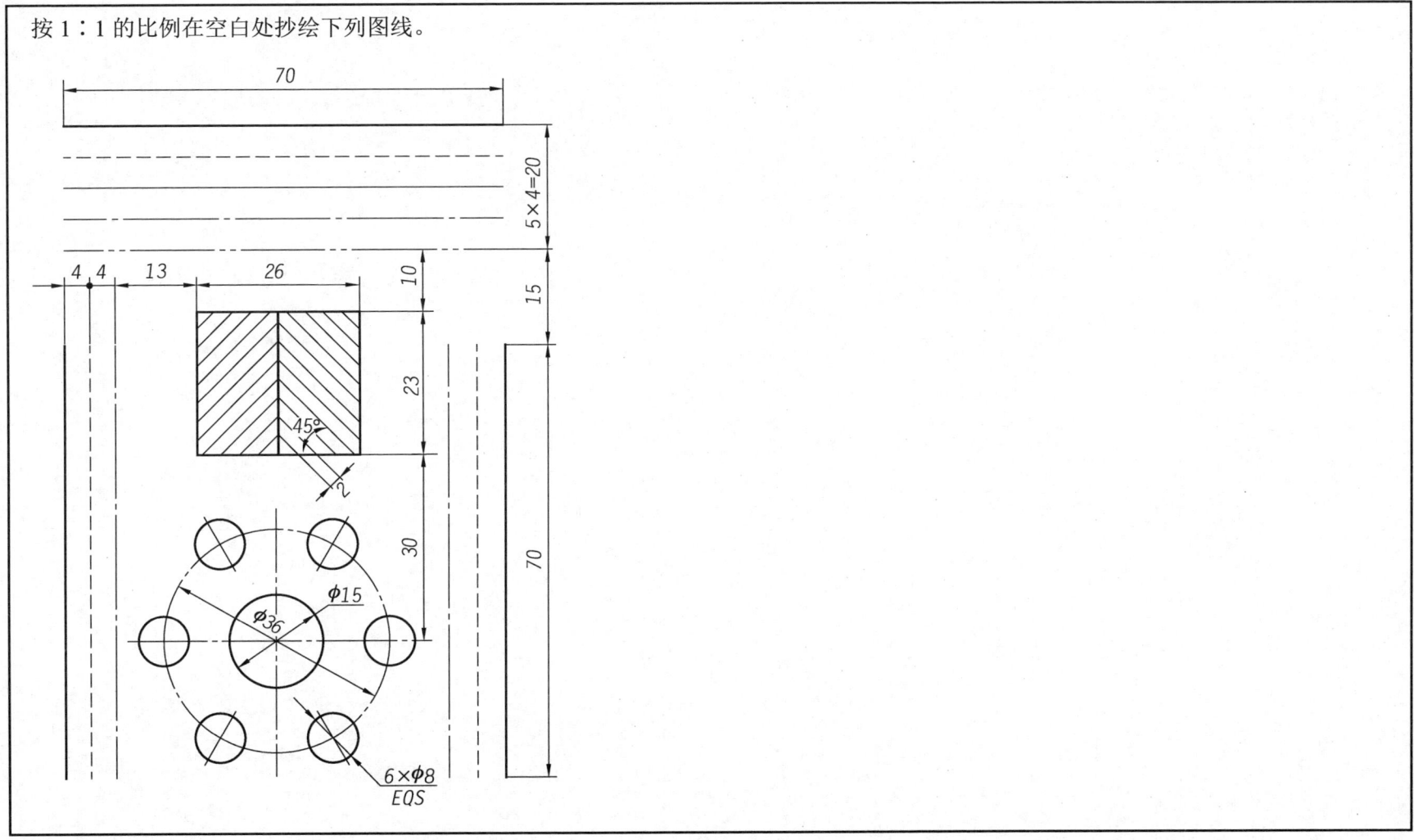

按1:1的比例在空白处抄绘下列图线。

1-3 尺寸注法

1. 按 1:1 的比例，用直尺在图中量取尺寸，并标注在给定的尺寸线上（取整数）。

（1）标注线性尺寸。

（2）标注直径尺寸。

（3）标注半径尺寸。

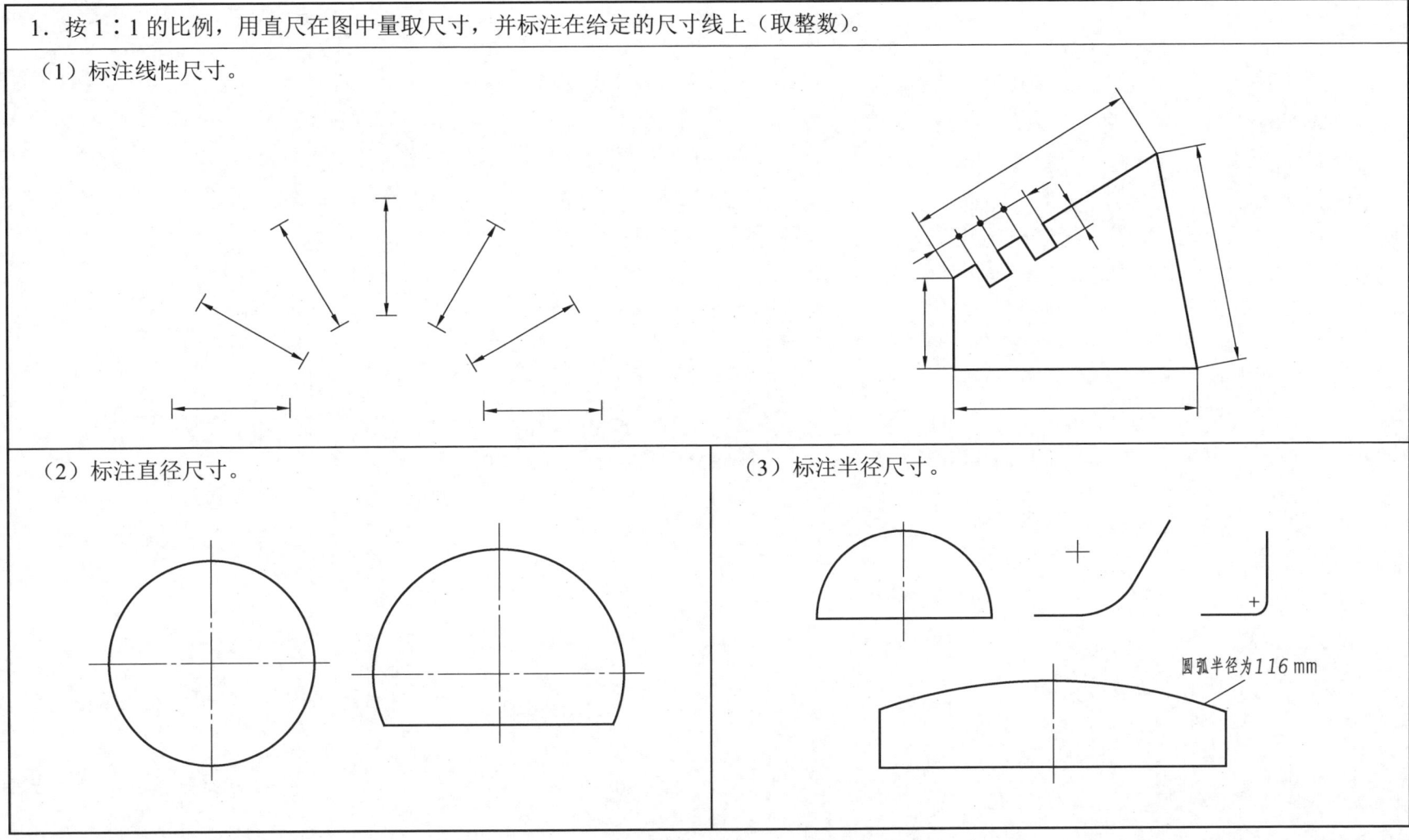

圆弧半径为 116 mm

2. 在图（a）中标记出标注错误的尺寸，然后在图（b）中进行完整的尺寸标注。

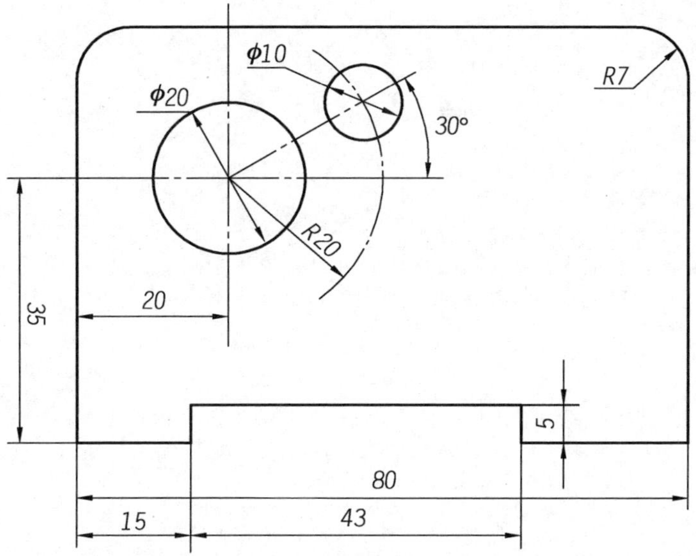

（a）

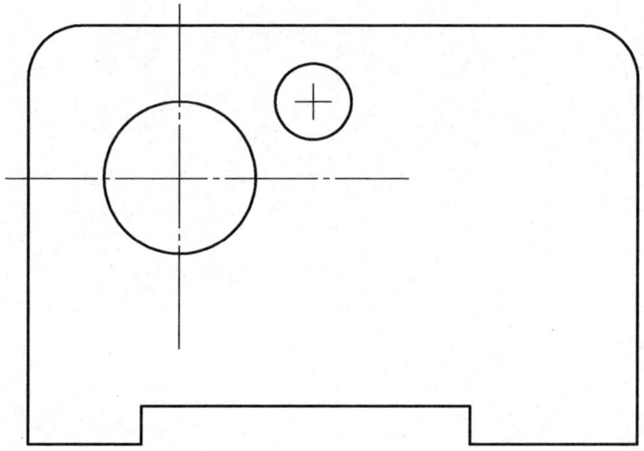

（b）

3. 参照图例，用 1∶1 的比例在空白处作出该图形并标注尺寸。

（1）

（2）

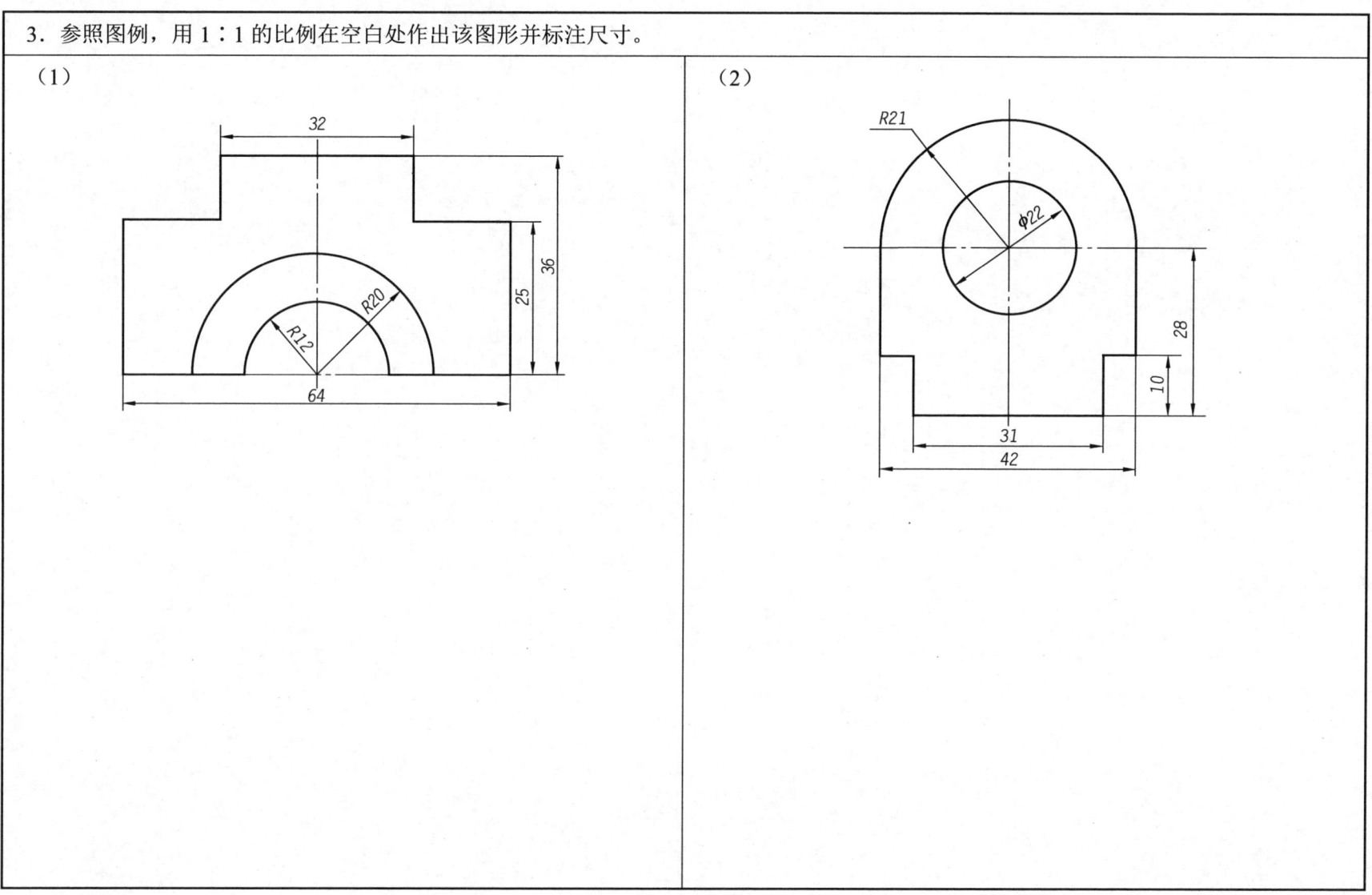

1-4 常用几何图形的画法

1. 将直线 AB 五等分,以直线 CD 为底边作正三角形。

2. 参照例图补画图线并标注斜度,保留作图辅助线。

3. 参照例图补画图线并标注锥度,保留作图辅助线。

班级_____ 学号_____ 姓名_____

4. 作圆的内接正三角形,保留作图辅助线。

5. 作圆的内接正六边形,保留作图辅助线。

班级_____ 学号_____ 姓名_____

6. 参照例图，补画下列图形的圆弧连接（比例为1∶1），保留作图辅助线。

(1)

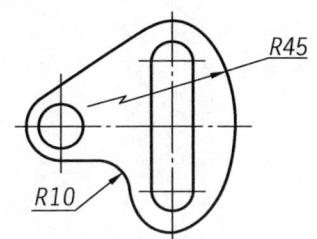

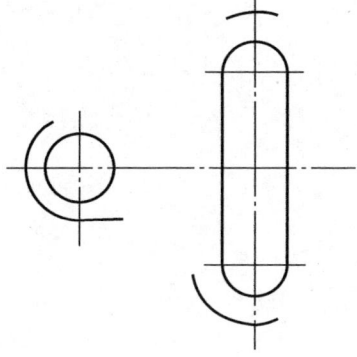

(2)

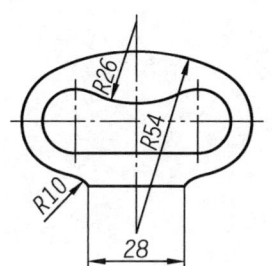

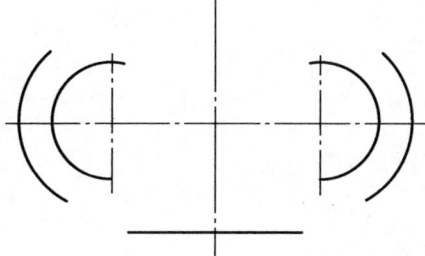

1-5 平面图形的画法

根据图中所注尺寸，按 1∶1 的比例将下列图形画在空白处，保留作图辅助线。

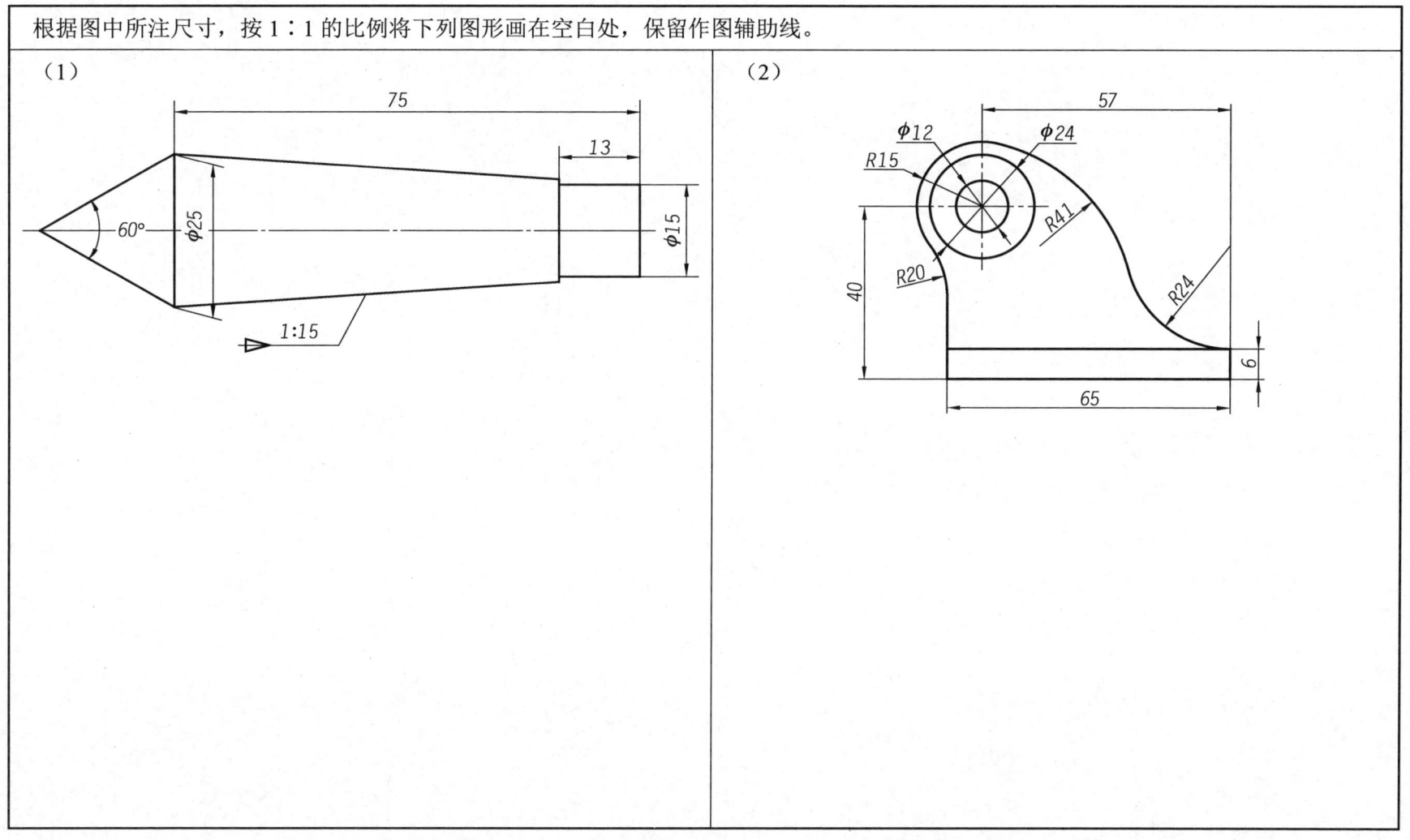

1-6 尺规绘图的综合练习

按图中所示图形及尺寸，在图纸上绘制该图形并标注尺寸。

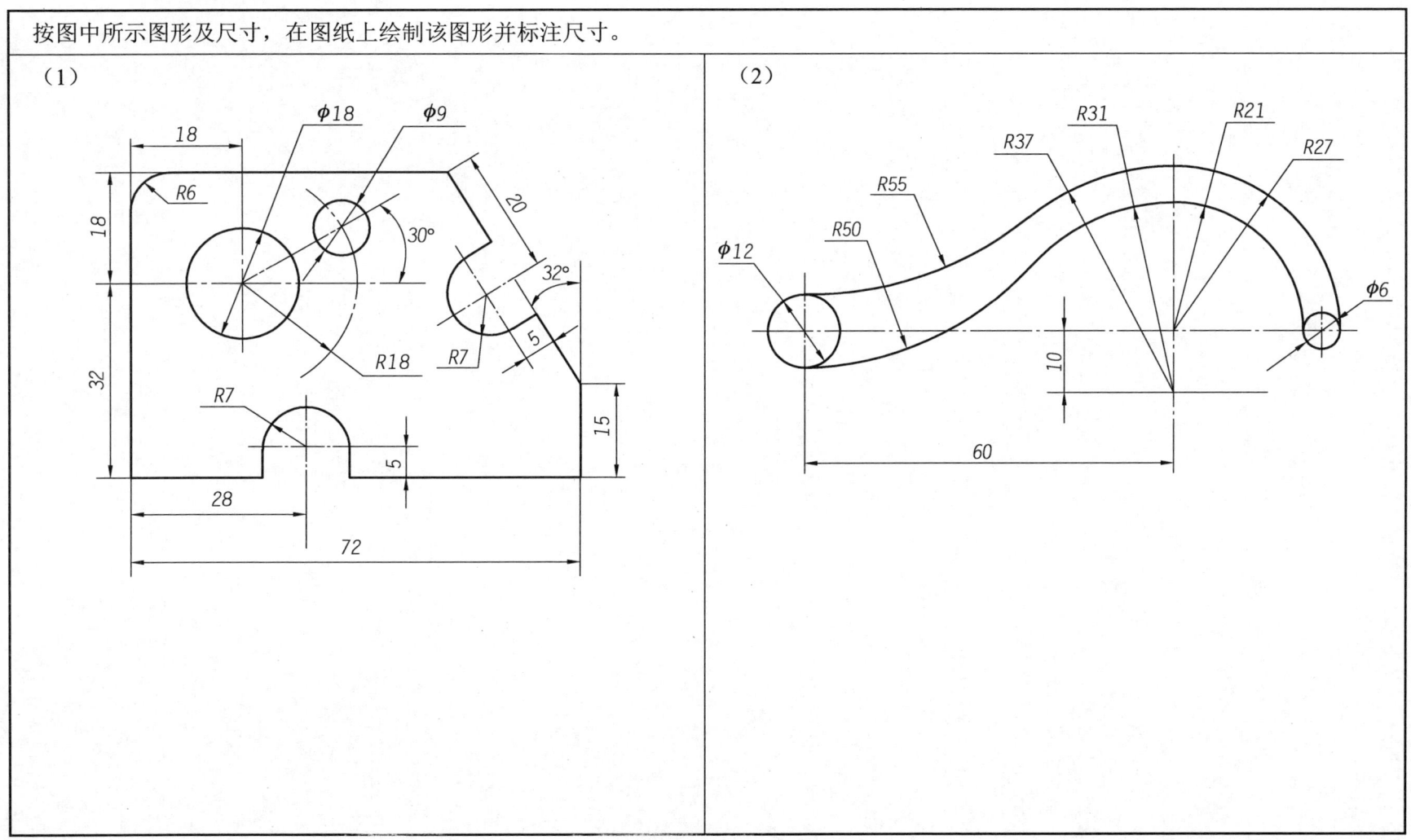

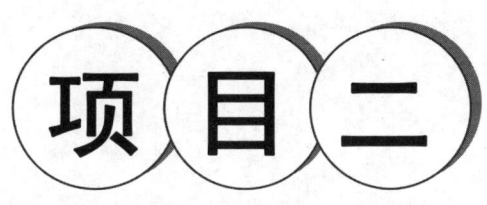

项目二

立体的投影规律及应用

2-1 三视图的投影规律

1. 熟悉三视图的形成过程，将长、宽、高分别填写在三视图中的尺寸线上，并完成填空。

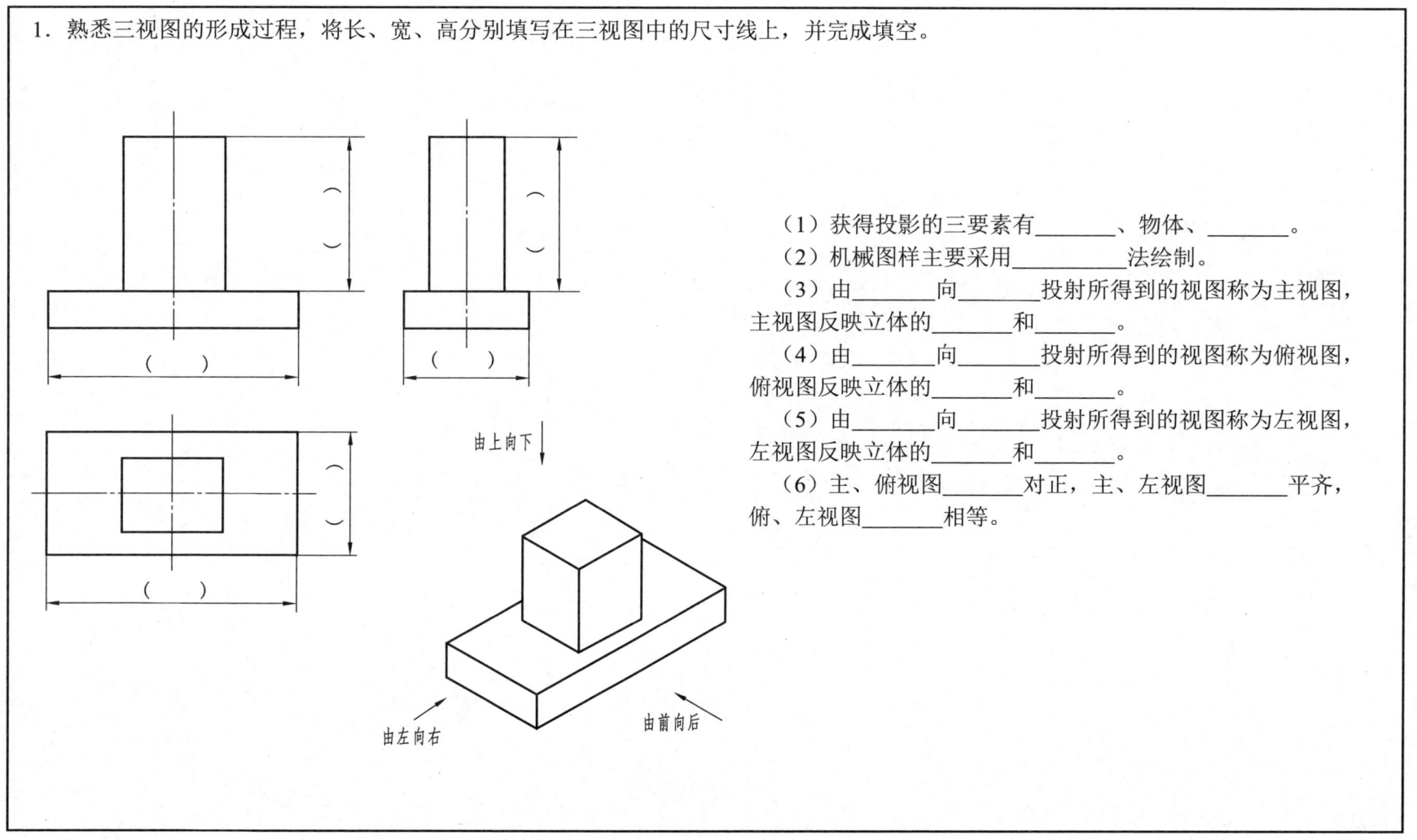

（1）获得投影的三要素有_____、物体、_____。
（2）机械图样主要采用_____法绘制。
（3）由_____向_____投射所得到的视图称为主视图，主视图反映立体的_____和_____。
（4）由_____向_____投射所得到的视图称为俯视图，俯视图反映立体的_____和_____。
（5）由_____向_____投射所得到的视图称为左视图，左视图反映立体的_____和_____。
（6）主、俯视图_____对正，主、左视图_____平齐，俯、左视图_____相等。

2. 根据立体的三视图，找出对应的立体图，并在括号内填写对应的序号。

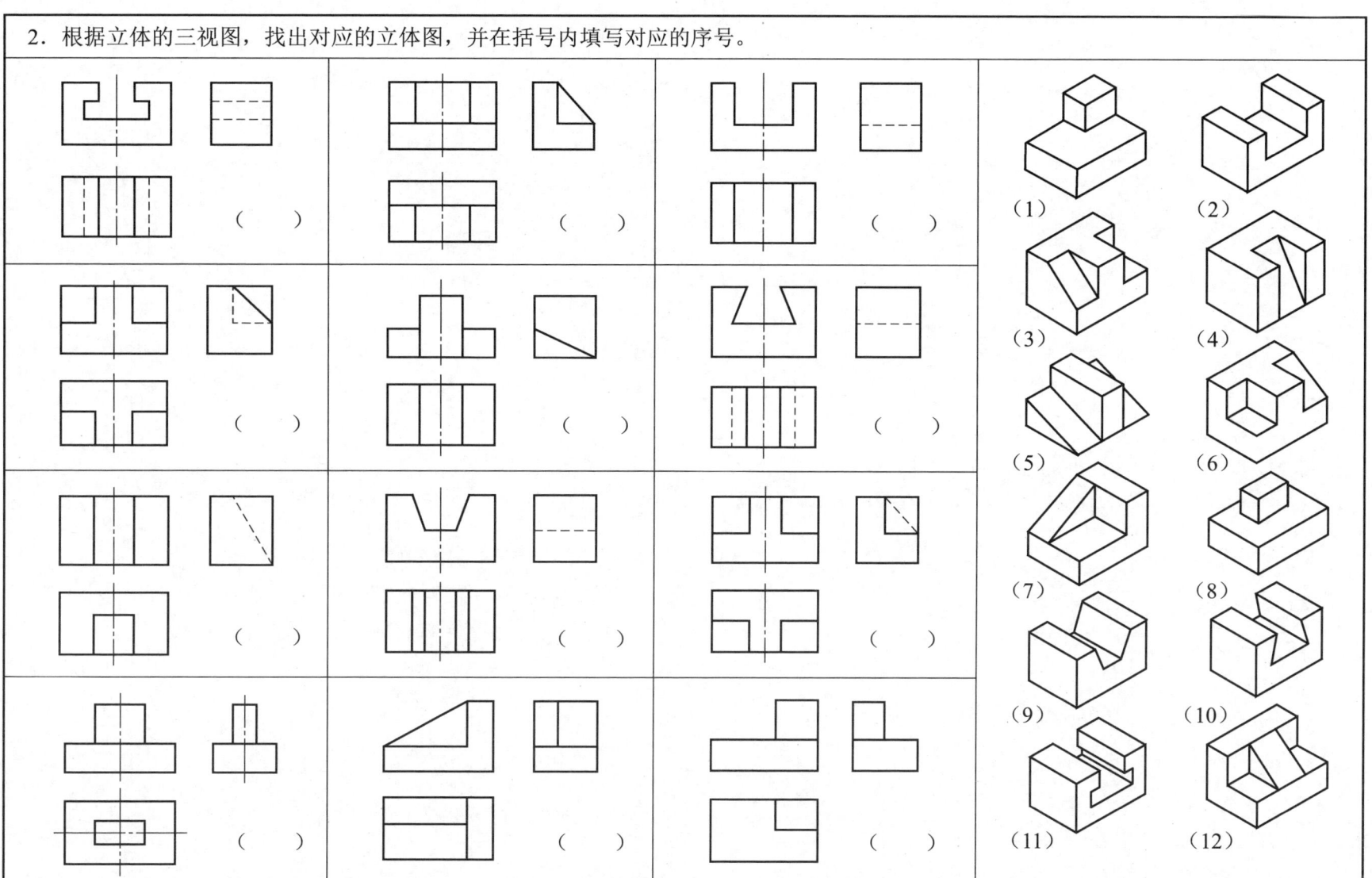

3. 根据立体图补画所缺视图。

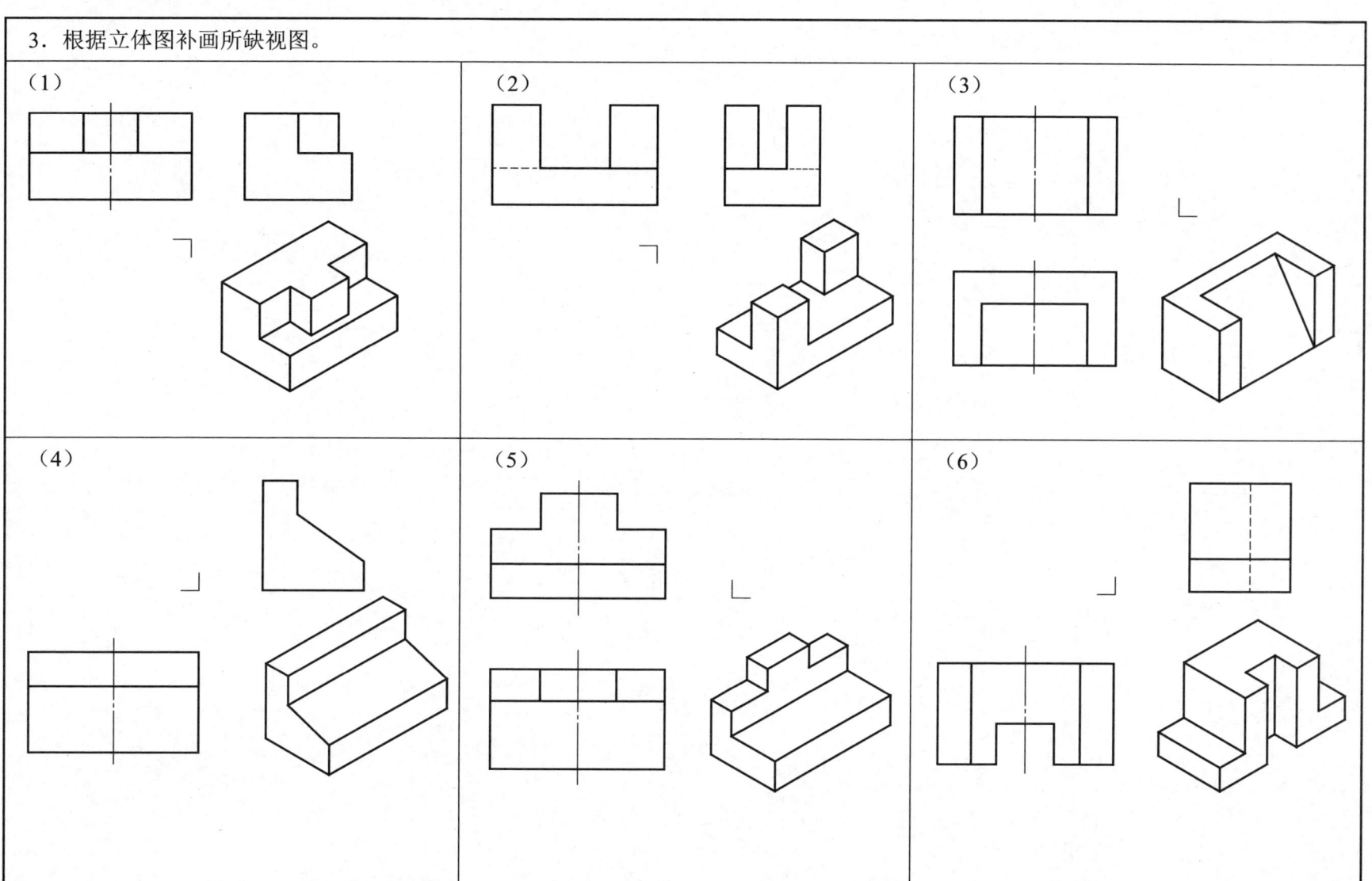

4. 根据三视图的轮廓设想立体形状，补画各视图中所缺图线。

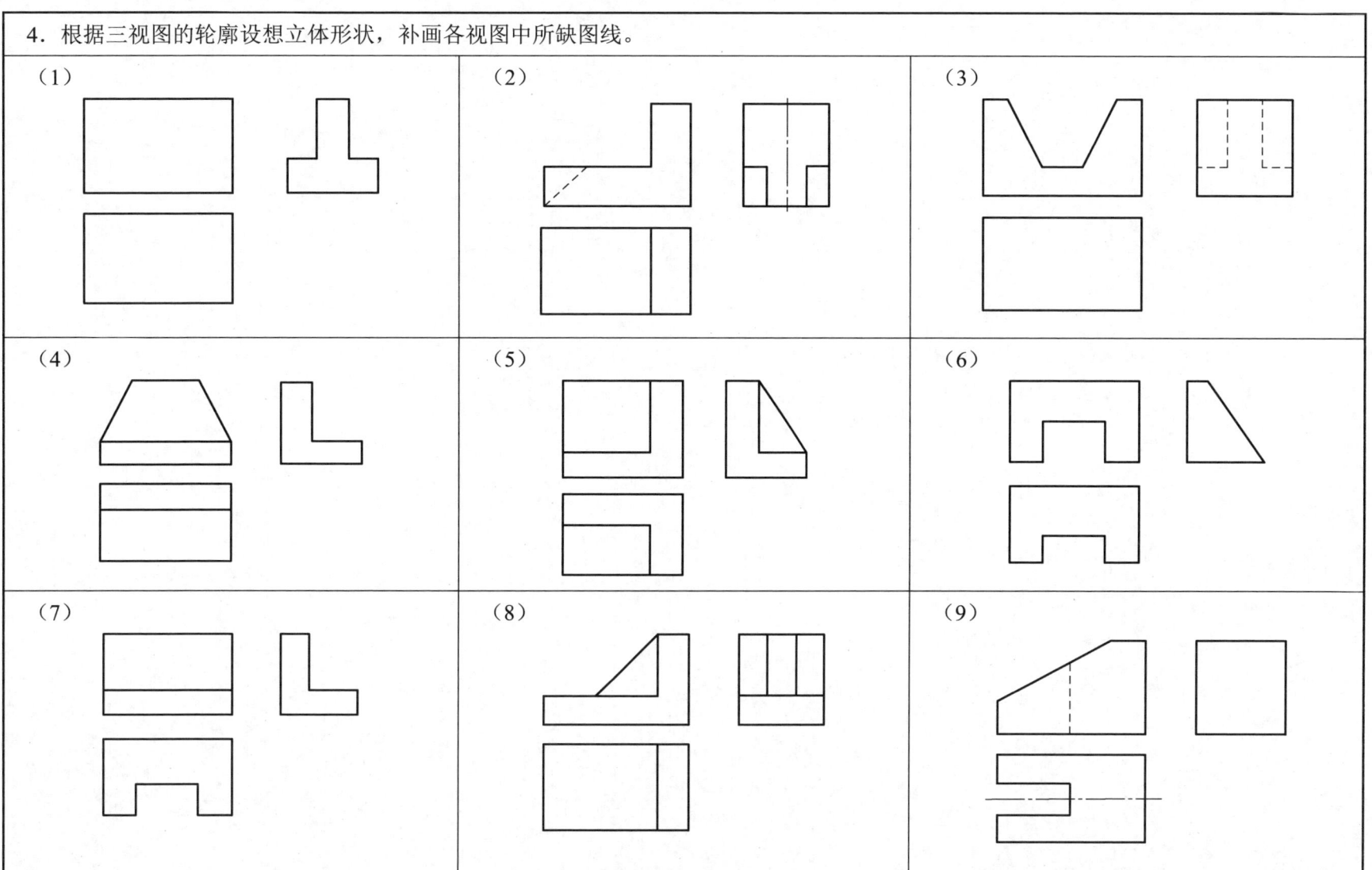

2-2 点的投影

1. 根据点 A 的立体图作出其三面投影，尺寸可从图中量取（单位：mm）。

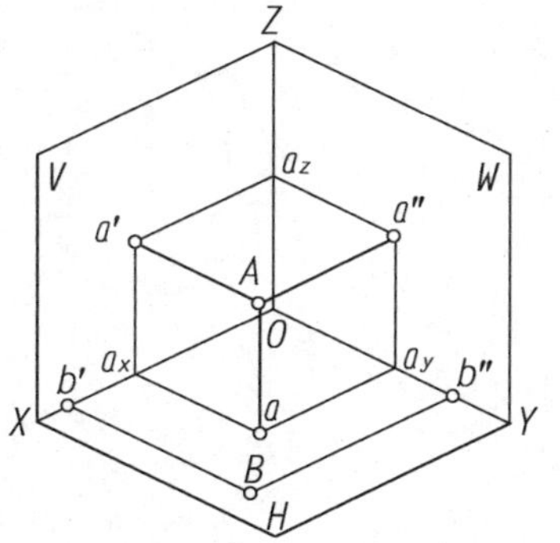

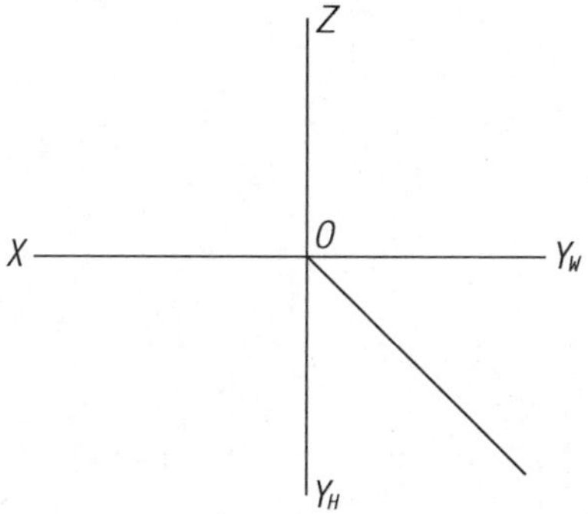

2. 已知点 A 距 W 面 18 mm，距 V 面 15 mm，距 H 面 18 mm，作出该点的三面投影，并写出其坐标。

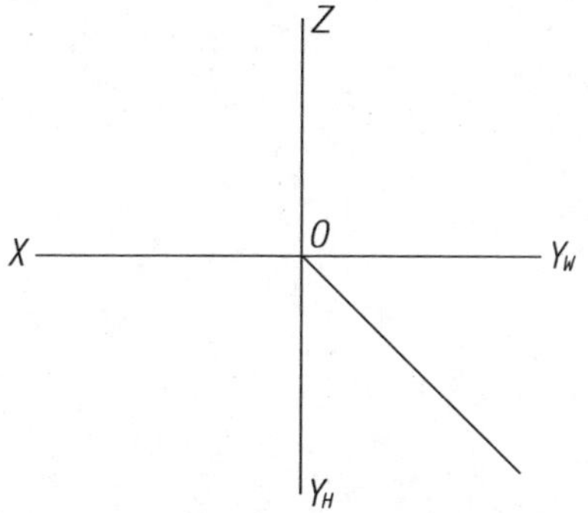

A（ ， ， ）

3. 在三视图中分别标出 A、B、C 三点的三面投影。

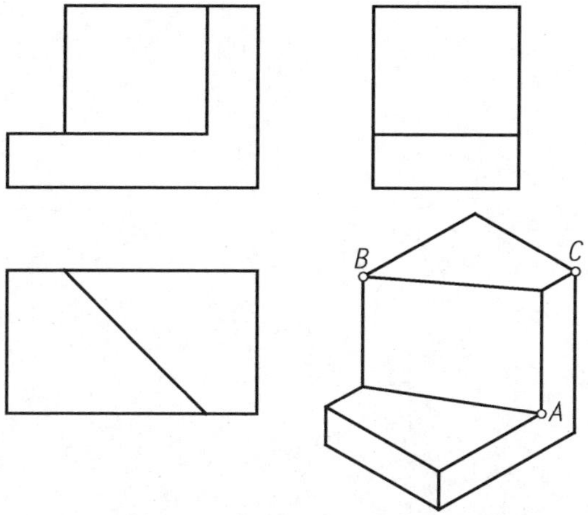

4. 参照立体图，在三视图上标注出 A、B 两点在 H 面和 W 面上的投影，并判断它们的相对位置。

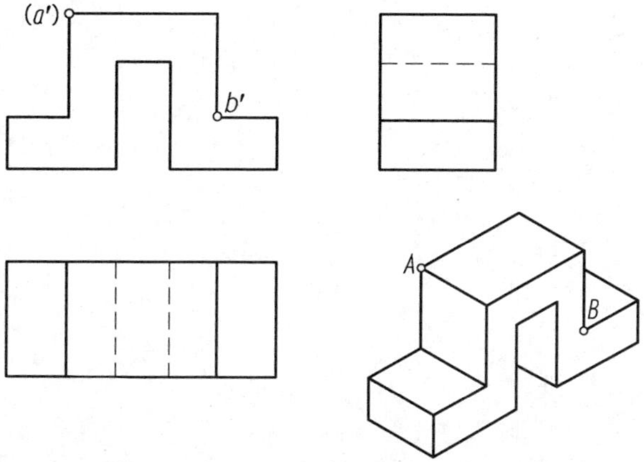

A 点在 B 点之_____；
（上，下）

A 点在 B 点之_____；
（前，后）

A 点在 B 点之_____。
（左，右）

5. 已知 A、B 两点的两面投影，求作其第三面投影。

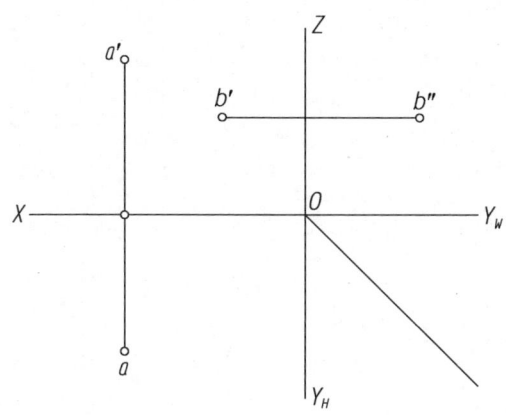

6. 已知 A、B 两点的一面投影，点 A 与 V 面的距离为 20 mm，点 B 在点 A 的左方 10 mm 处，求作 A、B 两点的其余两面投影。

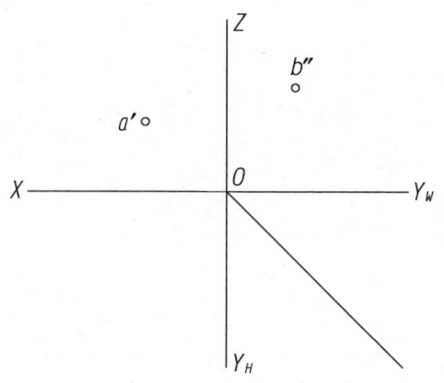

7. 已知点 A（12，10，15），点 B 与 V 面、H 面、W 面的距离分别为 16 mm、20 mm、15 mm，点 C 在点 A 左方 8 mm、前方 8 mm、下方 6 mm 处，求作各点的三面投影。

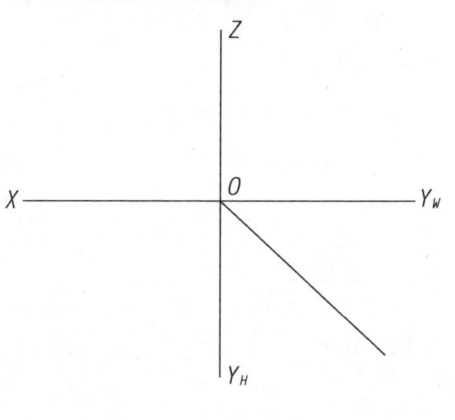

8. 已知 A、B、C 三点的三面投影，填写各点与投影面的距离，其尺寸从图中量取（单位：mm）。

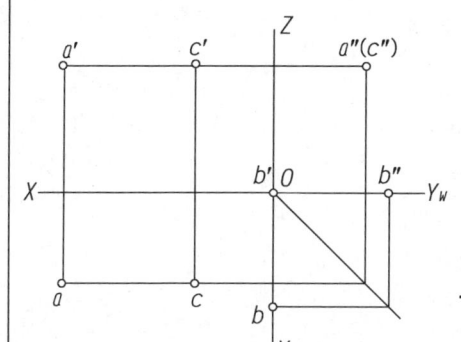

点	距离/mm		
	距 V 面	距 H 面	距 W 面
点 A			
点 B			
点 C			

2-3 直线的投影

1. 已知线段的两面投影，求作其第三面投影，并判断线段的位置类型。

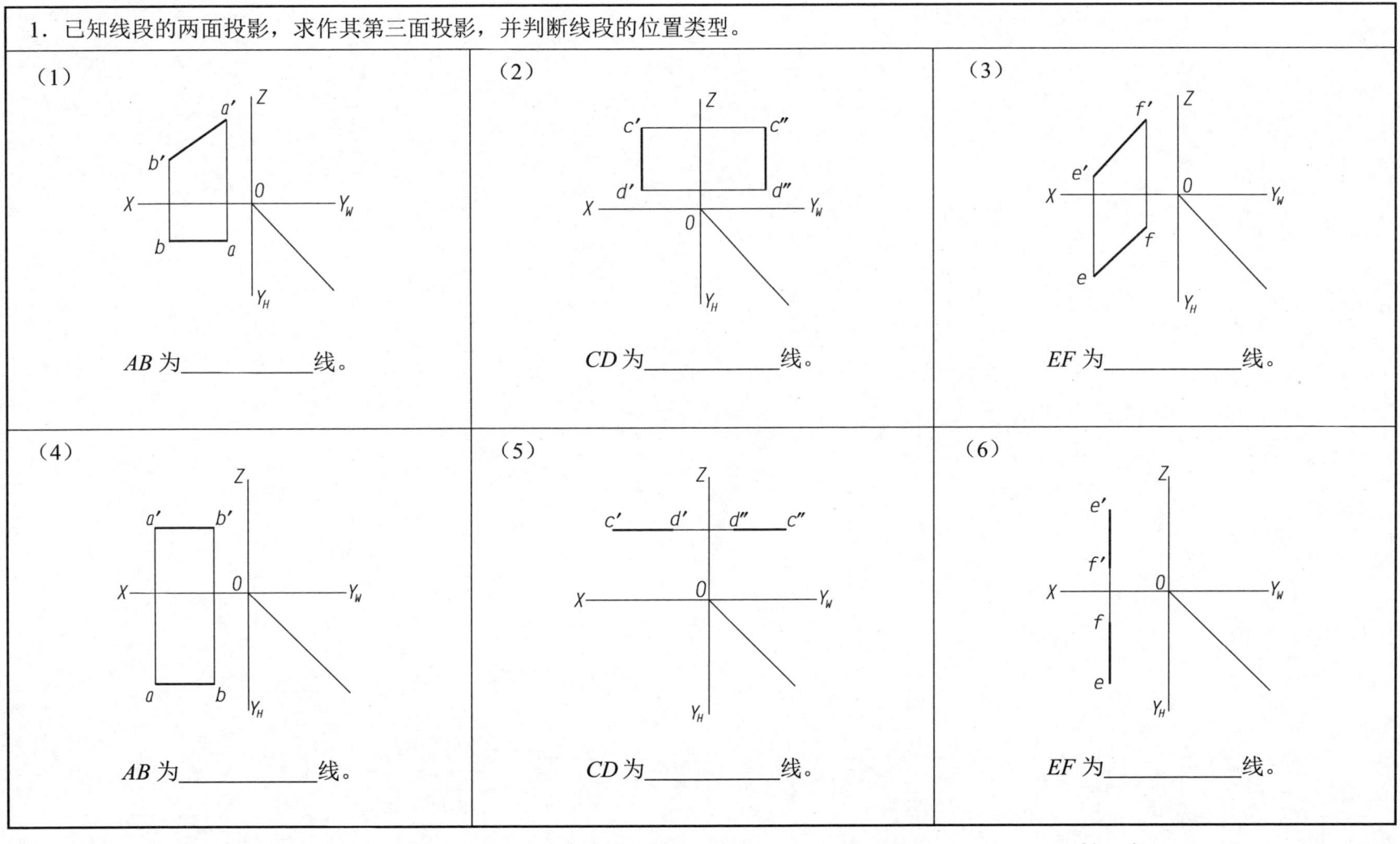

2. 已知点 A（10，20，8）、点 B（18，5，15），求作线段 AB 的三面投影。

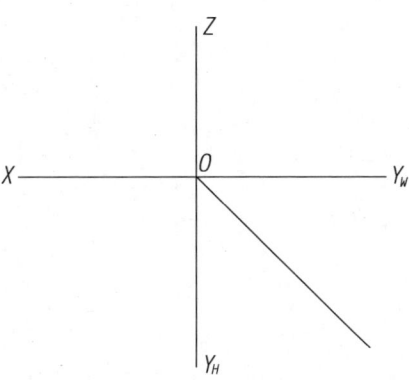

3. 判断点 K 是否在线段 AB 上。

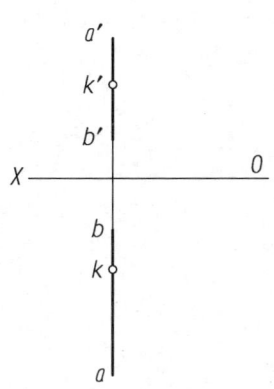

判断结果：_____。

4. 过点 M 作直线 MK，MK 与直线 AB 平行并与直线 CD 相交，K 为交点。

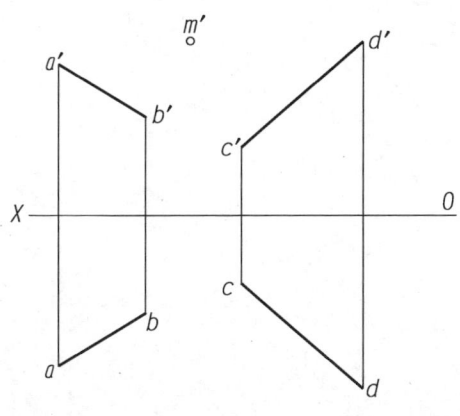

5. 判断并填写各直线之间的相对位置（平行、相交或交叉）。

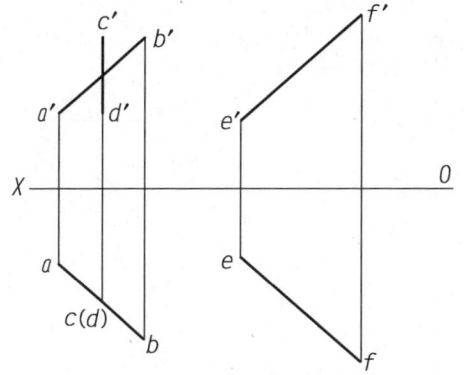

AB 和 CD _____；

AB 和 EF _____；

CD 和 EF _____。

2-4 平面的投影

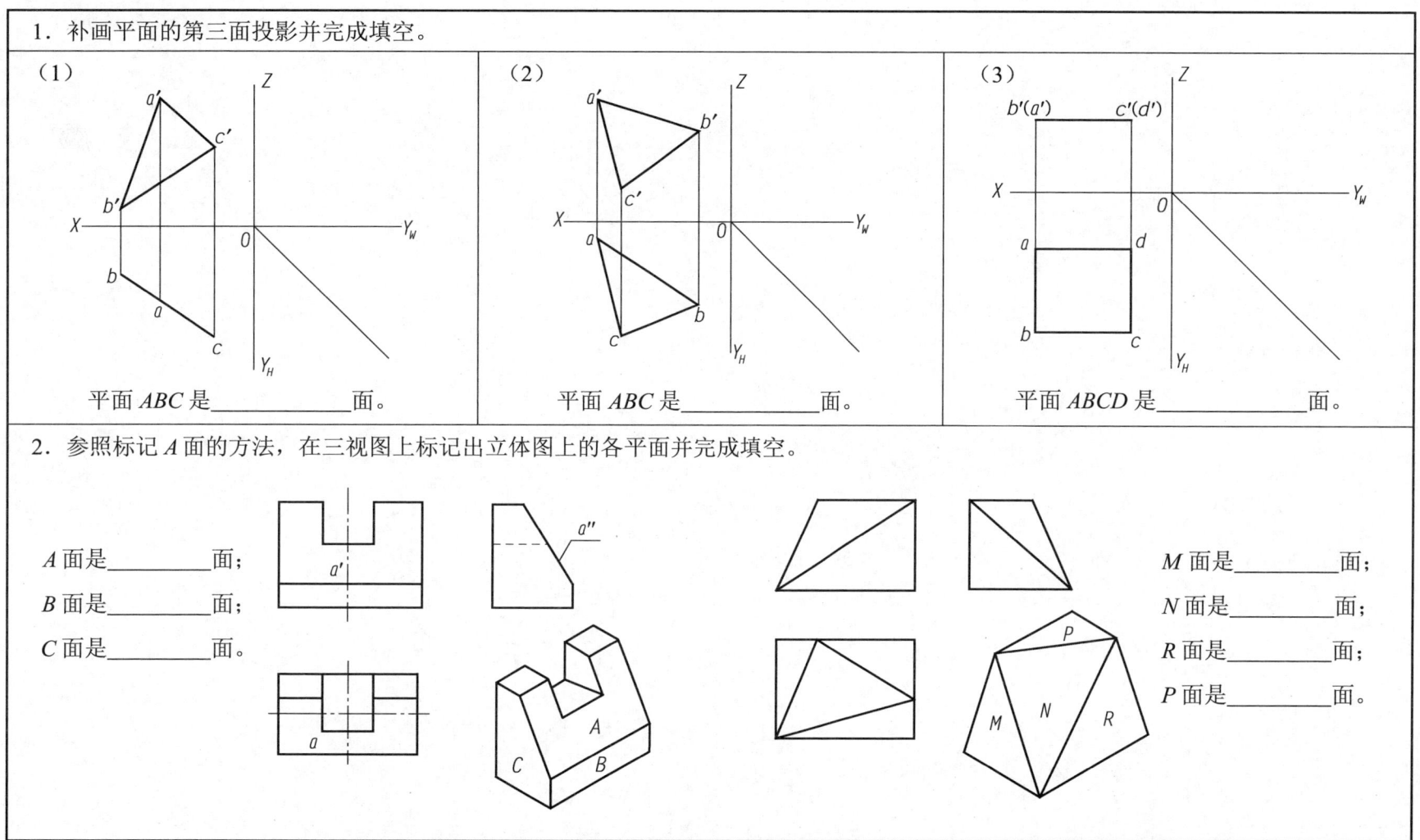

3. 分别标记出 A、B、C 三个平面在另外两个投影图中的投影，并完成填空。

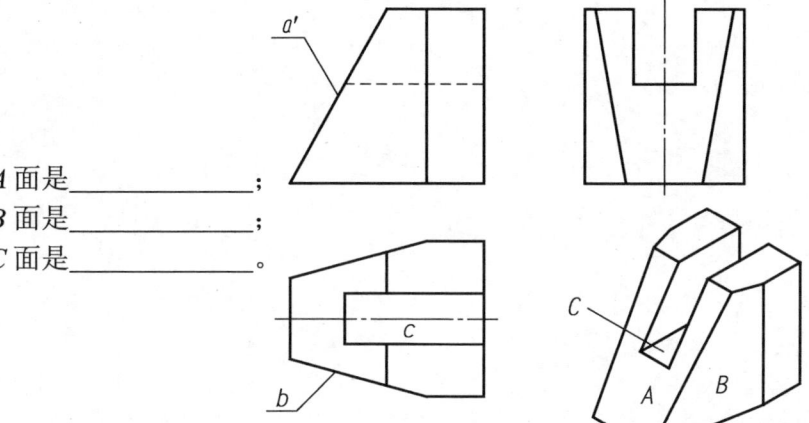

A 面是_____；
B 面是_____；
C 面是_____。

4. 根据主视图和俯视图，补作左视图，并完成填空。

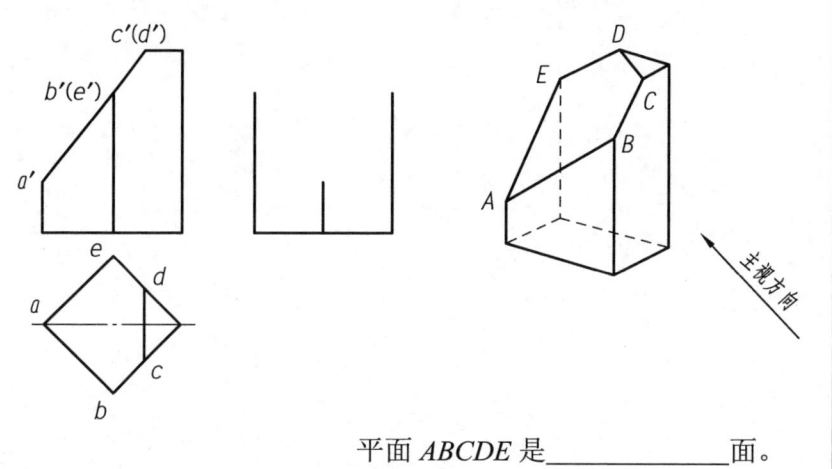

平面 ABCDE 是_____面。

5. 已知线段 MN 在平面 ABC 内，求作该线段的另外两面投影。

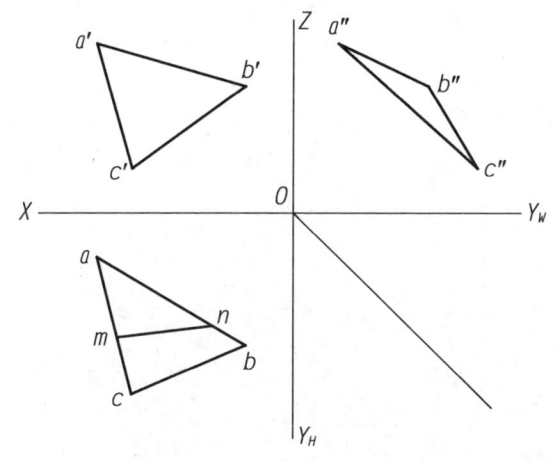

6. 已知平面内点 K 的正面投影，求作该点的水平投影。

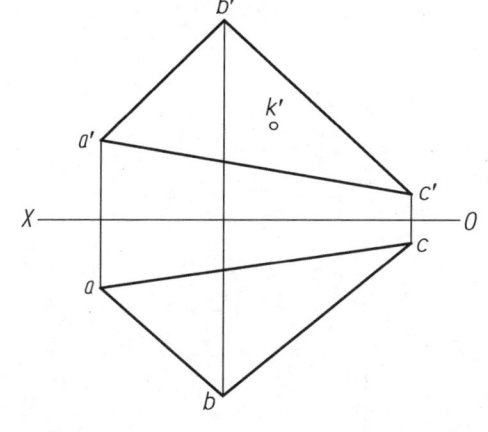

班级_____ 学号_____ 姓名_____

2-5 平面立体的画法

1. 已知平面立体的两个视图,请作出其第三视图。

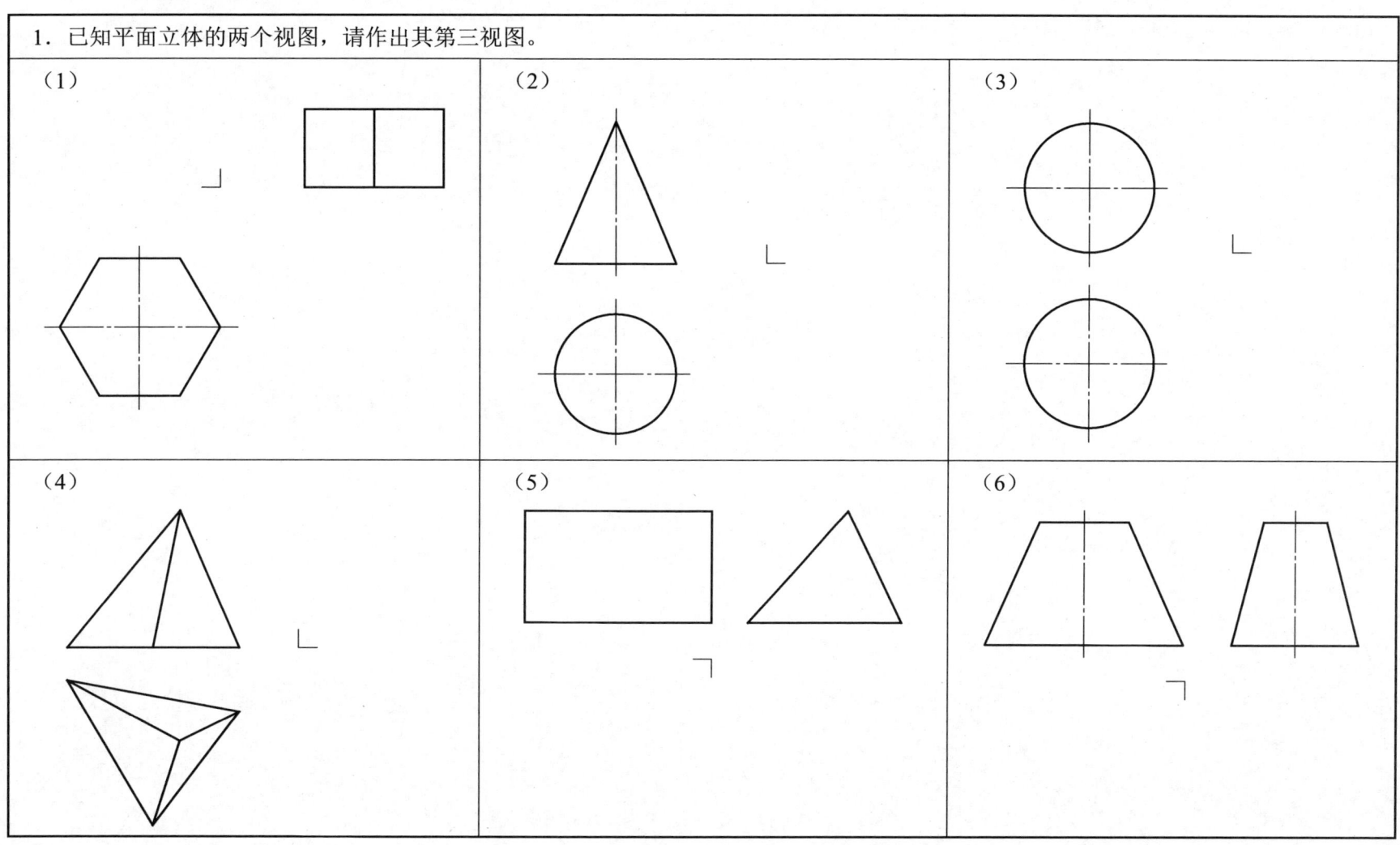

2. 求作立体表面上点的另两面投影。

(1)

(2)

3. 已知平面立体的两个视图,请作出其第三视图和表面上各点的其他投影。

(1)

(2)

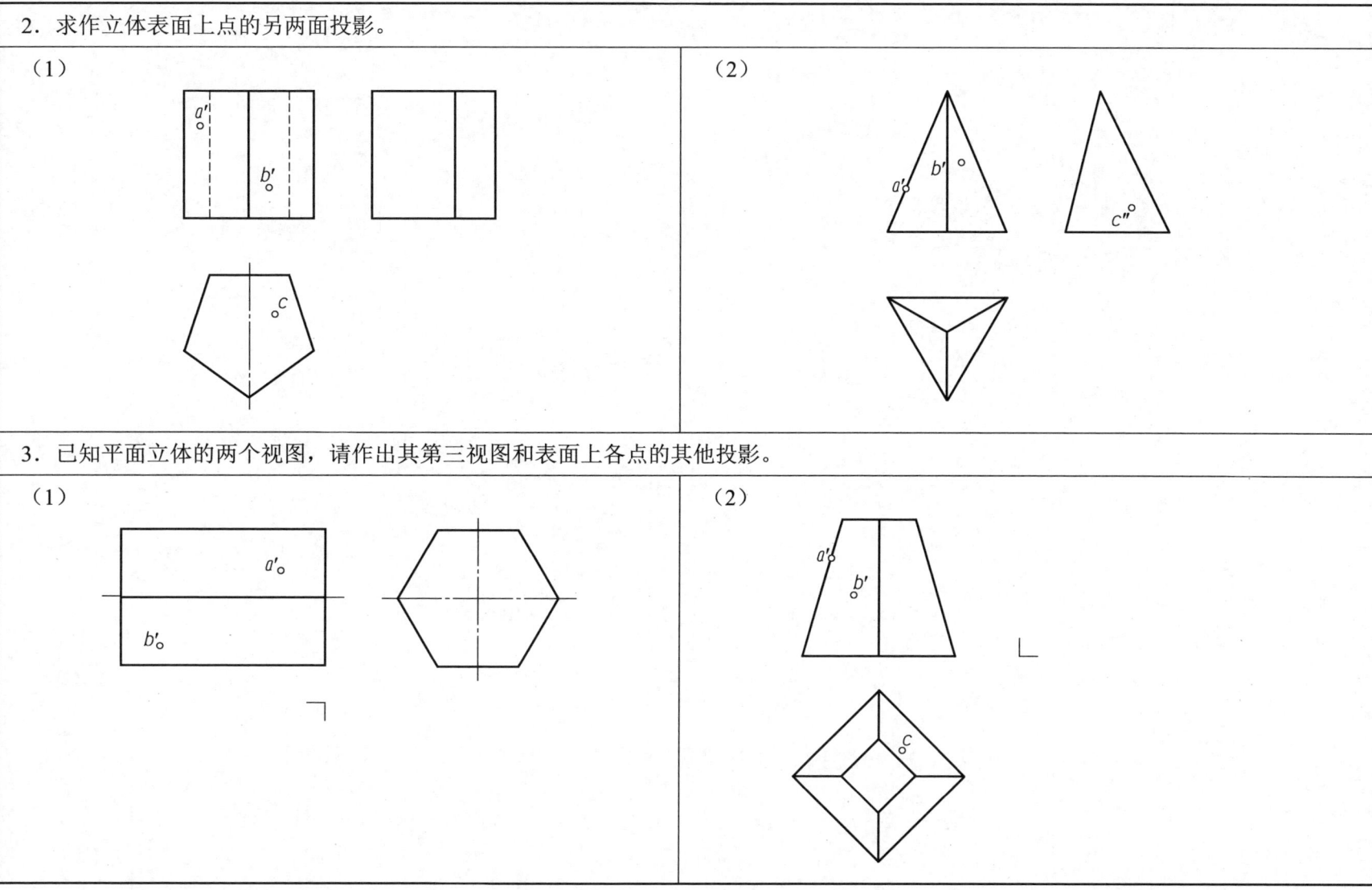

2-6 回转体的画法

1. 已知回转体的两个视图，请作出其第三视图。

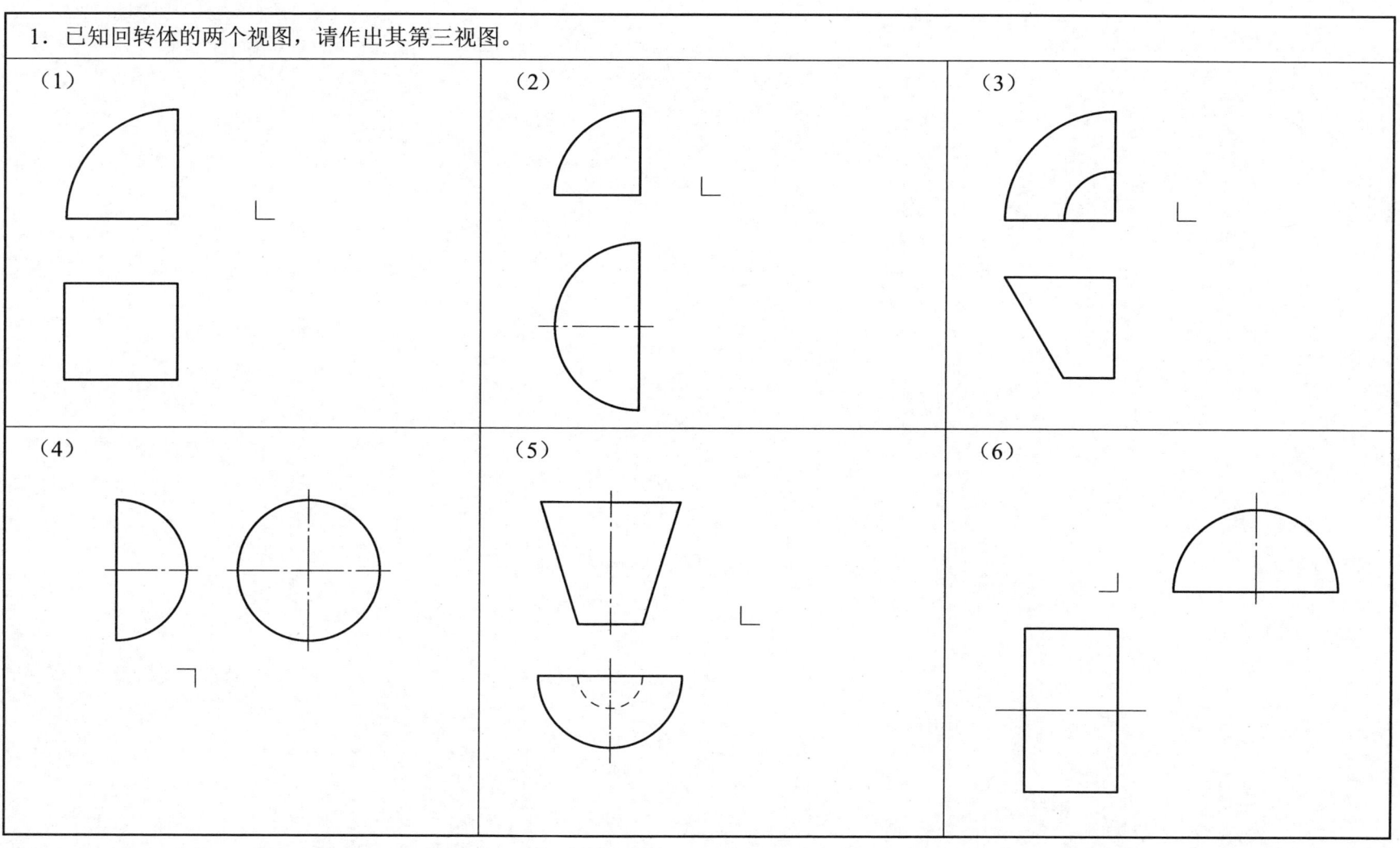

2．分析回转体的轮廓线，作出已知点的其他投影。

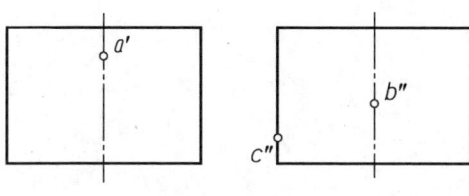

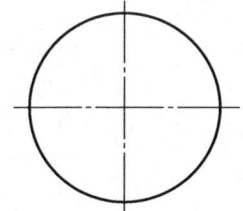

点 A 在最_____素线上；
点 B 在最_____素线上；
点 C 在最_____素线上。

3．求作锥面上曲线 MN 的另外两面投影。

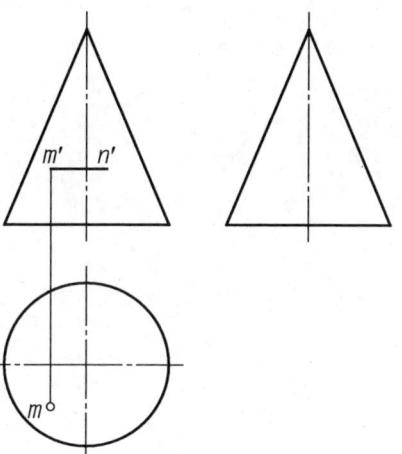

4．已知回转体的两个视图，请作出其第三视图和表面上各点的其他投影。

（1）

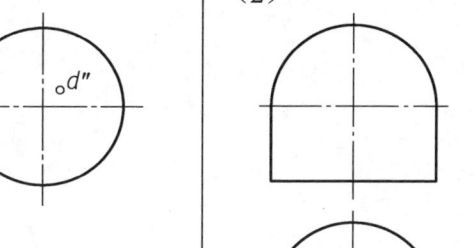

（2）

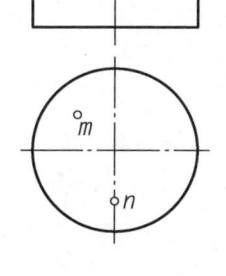

（3）

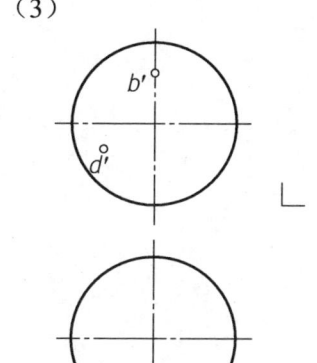

2-7 基本体的尺寸注法

按 1∶1 的比例在三视图中量取并标注尺寸（单位：mm）。

（1）

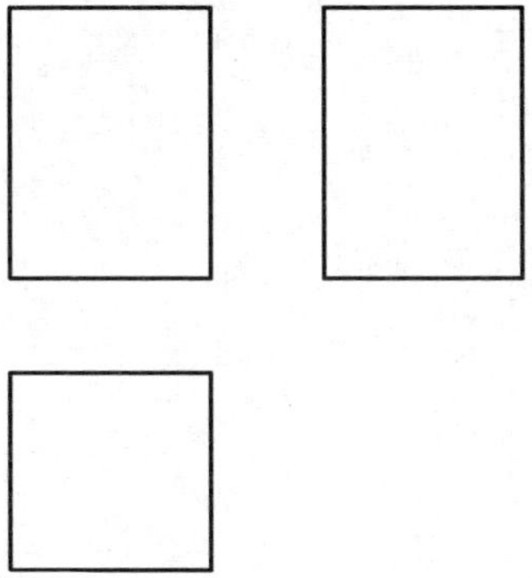

（2）

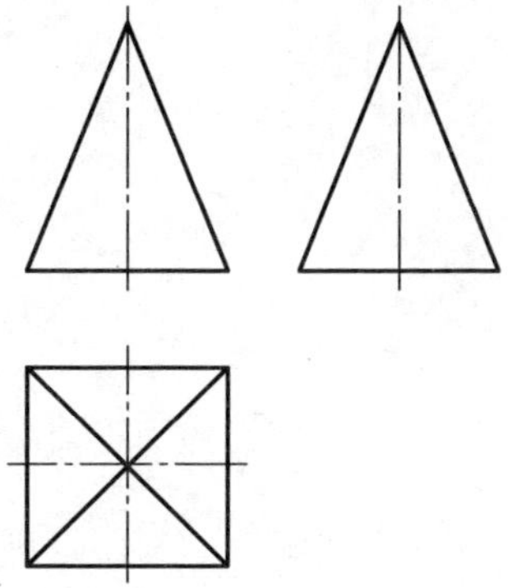

（3）

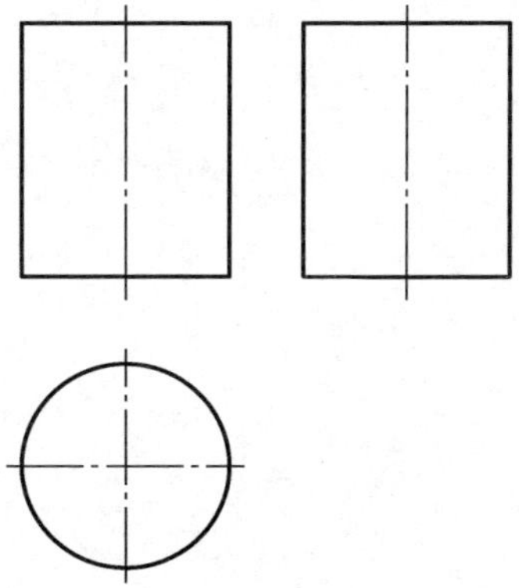

（4）

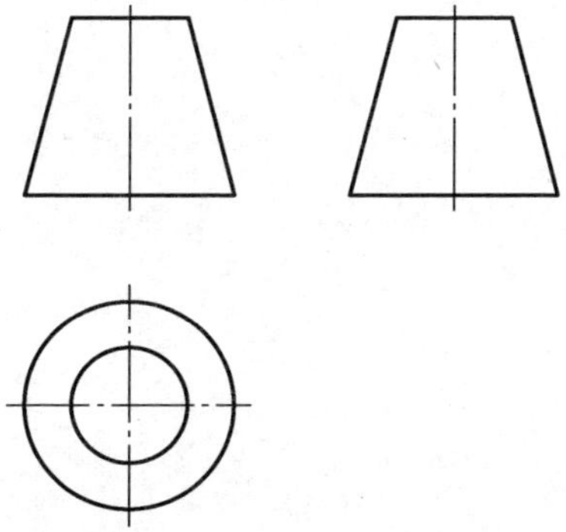

2-8 截交线的画法

完成下列切割体的三视图,注意截交线的绘制。

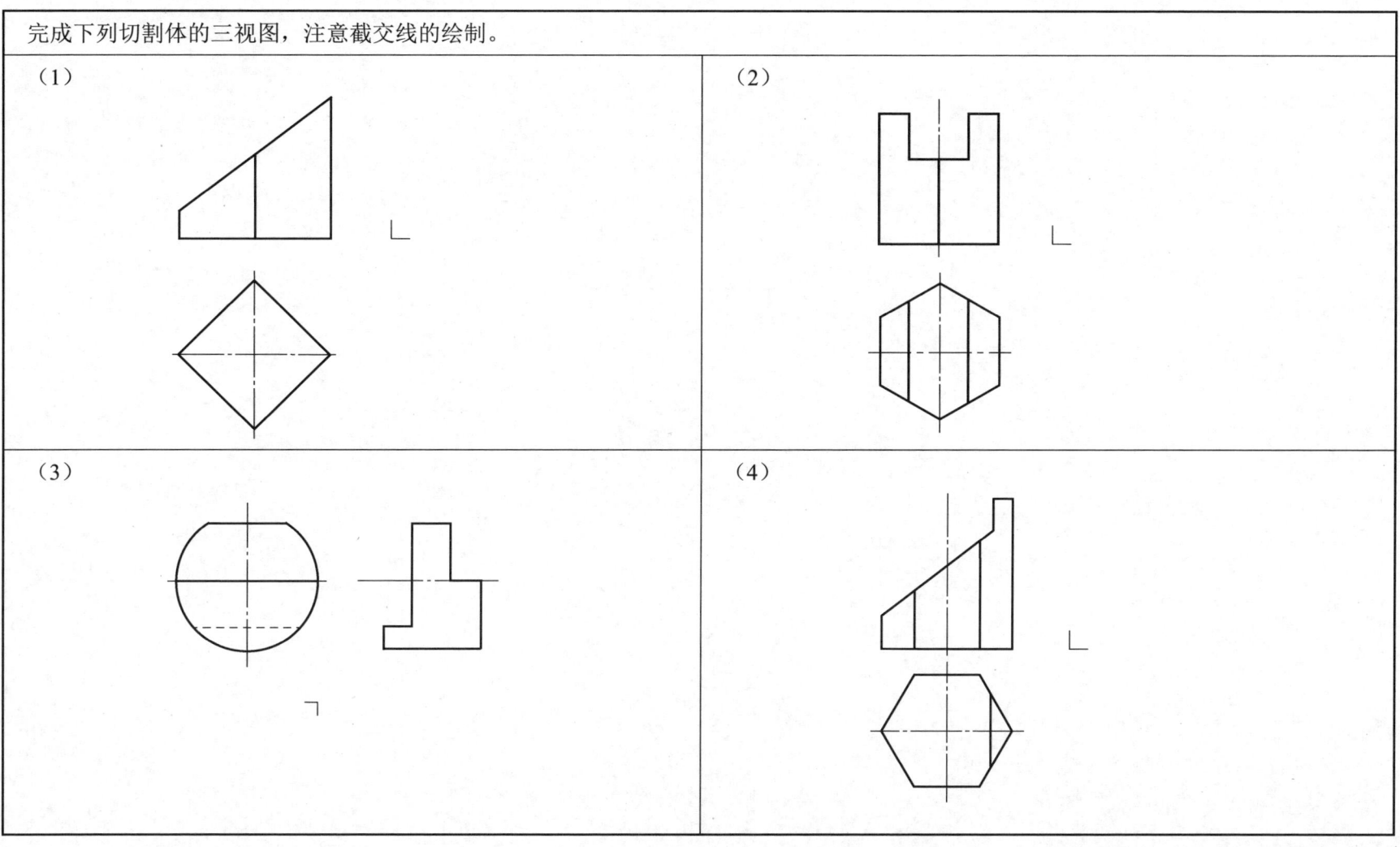

(1) (2) (3) (4)

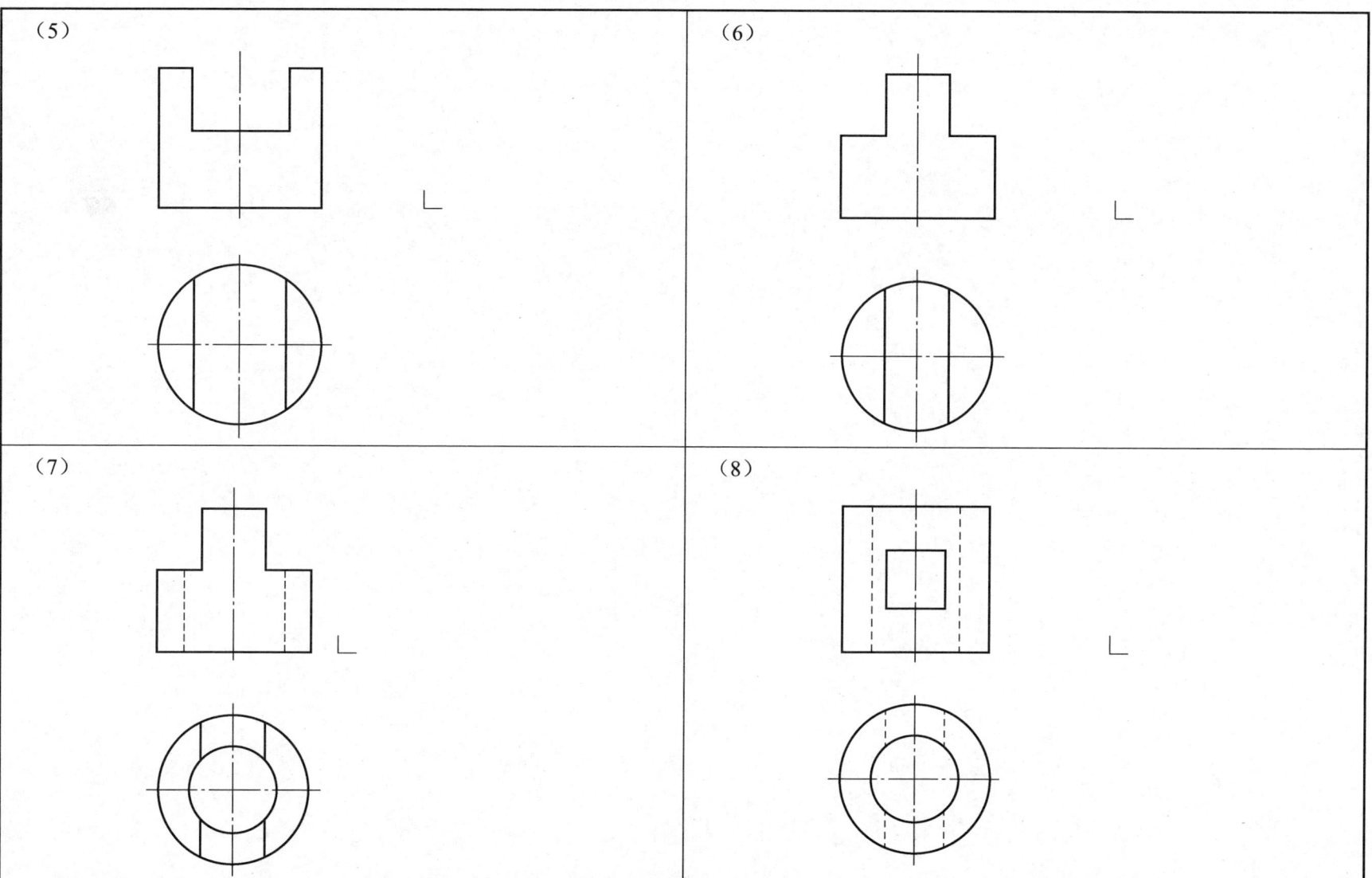

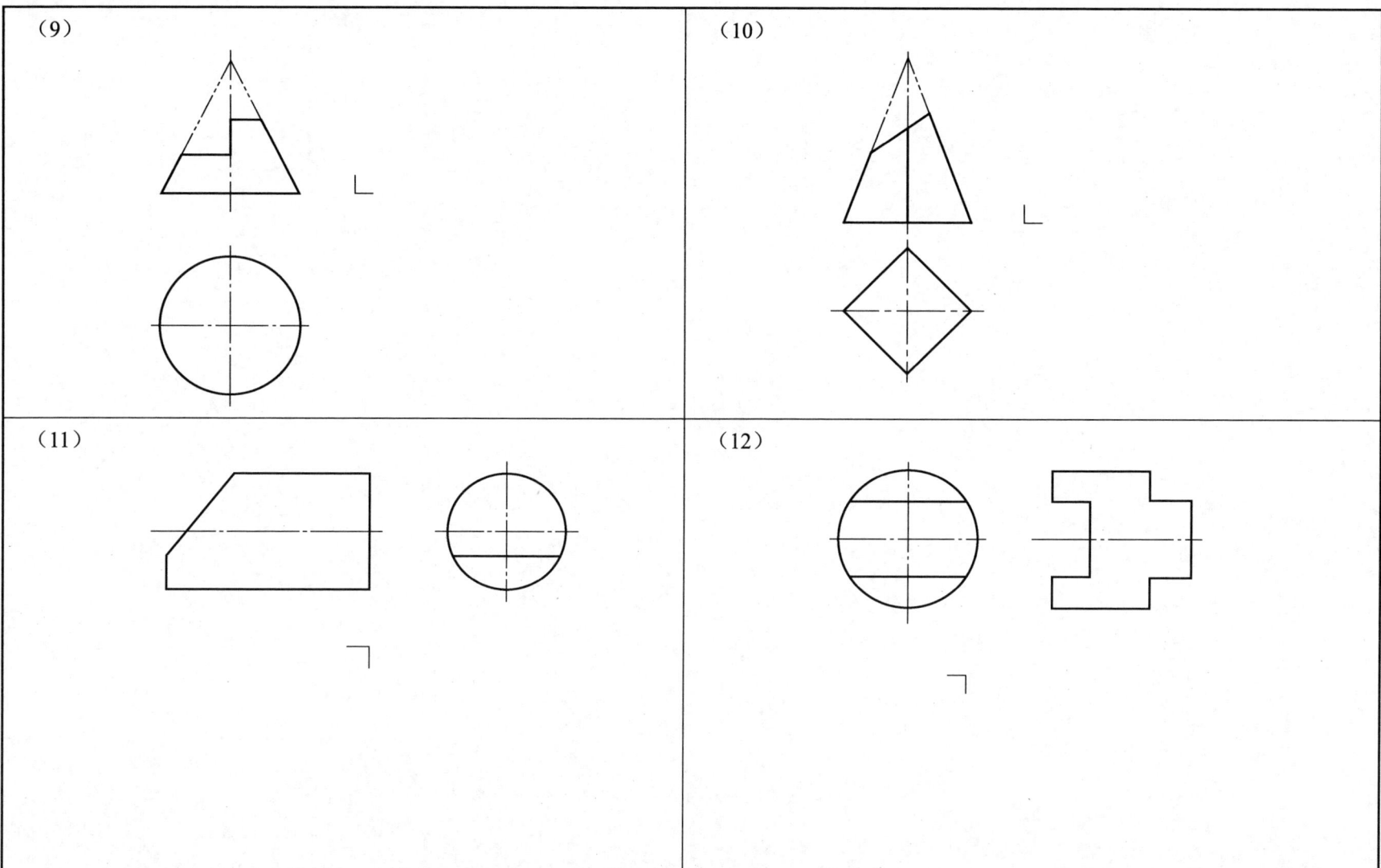

2-9 相贯线的画法

1. 分析下列立体的三视图，采用简化画法作出其主视图上的相贯线。

（1）

（2）

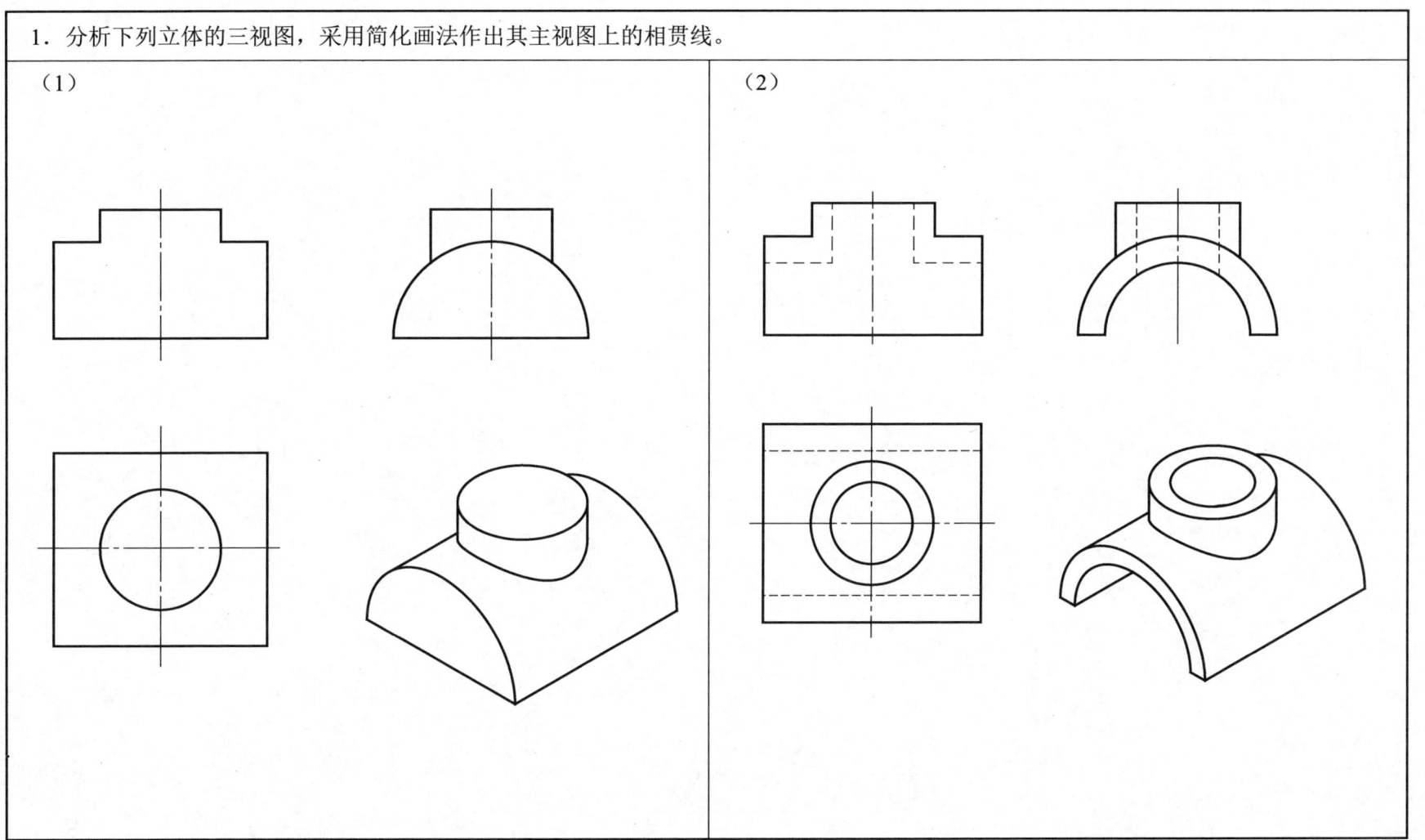

2. 分析下列立体的三视图,作出相贯线的投影(两圆柱正交时采用近似画法)。

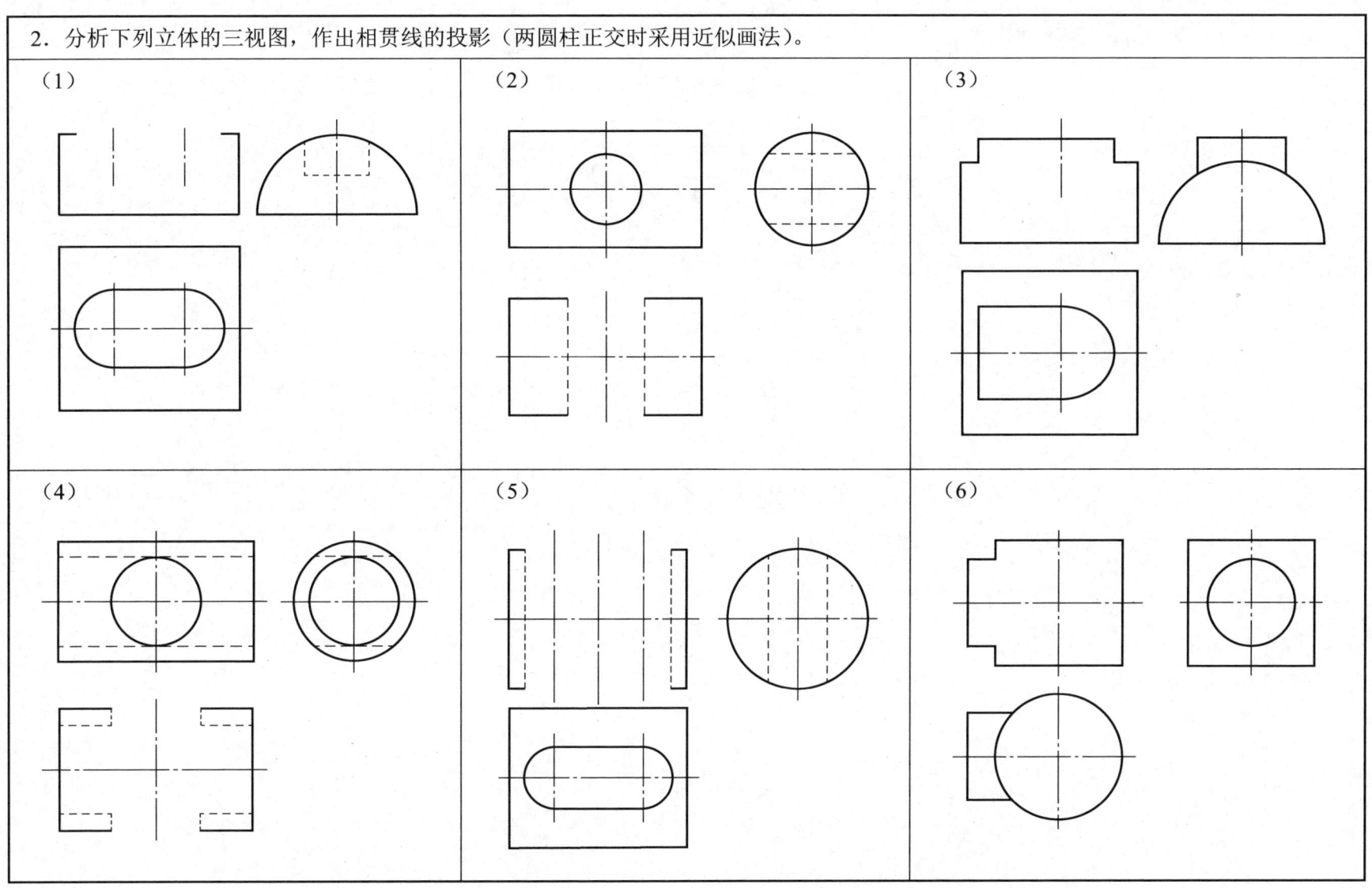

3. 补画下列视图中所缺图线。

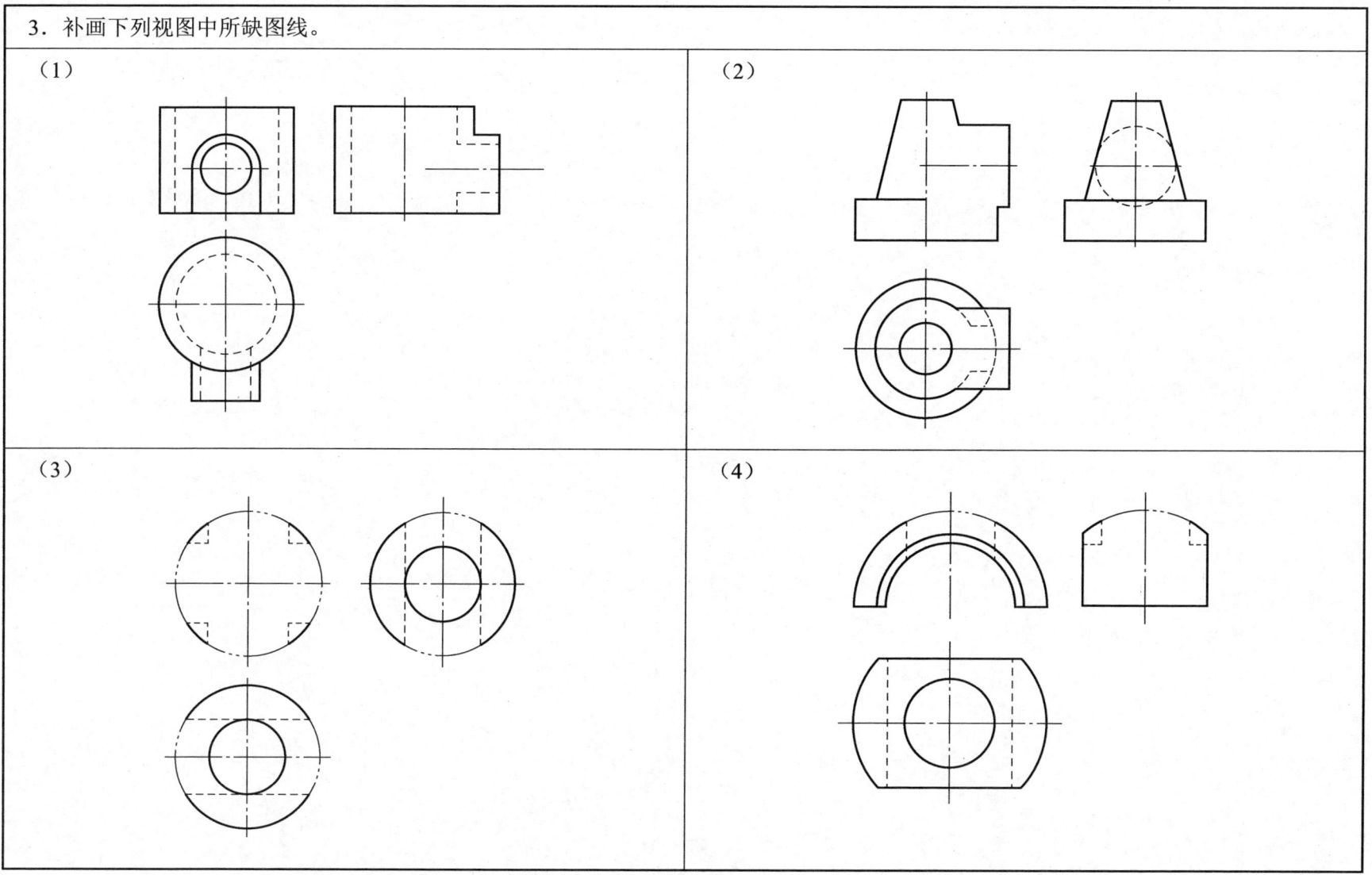

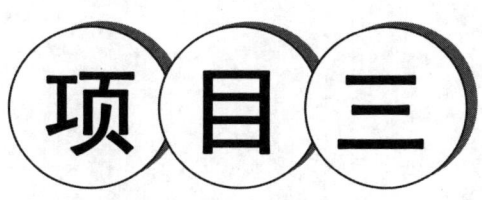

项目三

组合体与轴测图的画法

3-1 组合体的形体分析

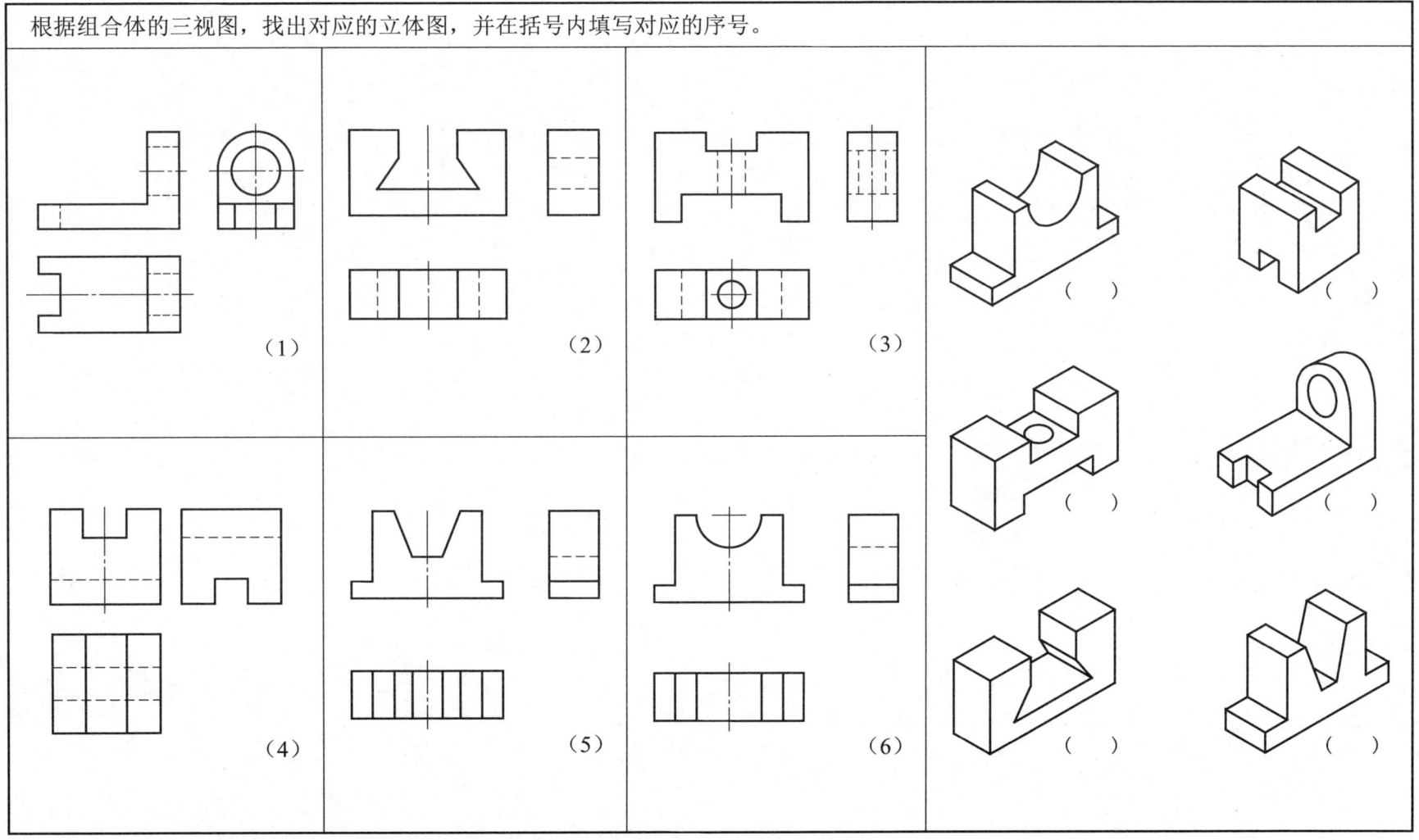

3-2 组合体的画法

1. 补画主视图中漏画的图线。

（1） （2） （3） （4）

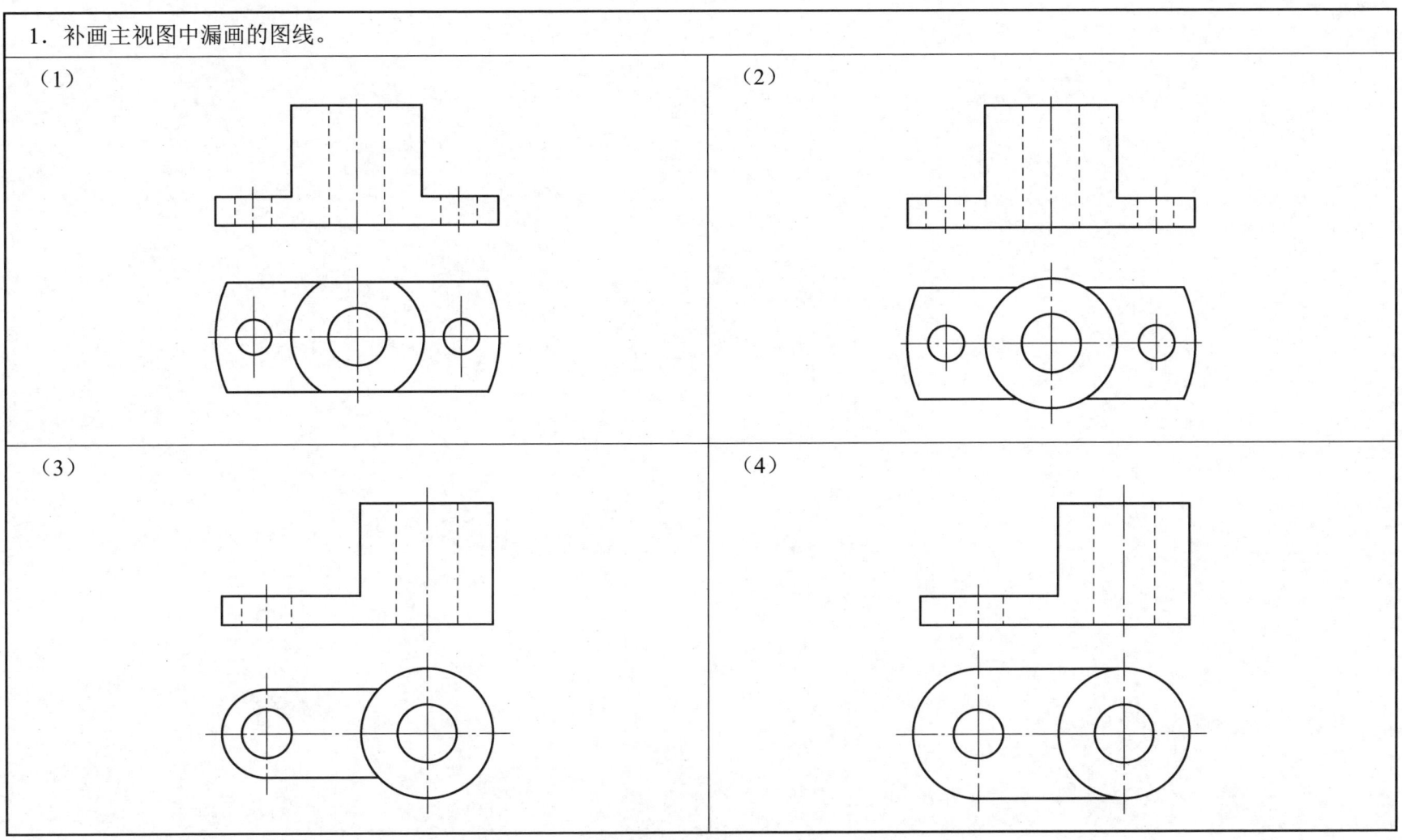

2. 根据立体图，补画各视图中漏画的图线。

(1)

(2)

(3)

(4)

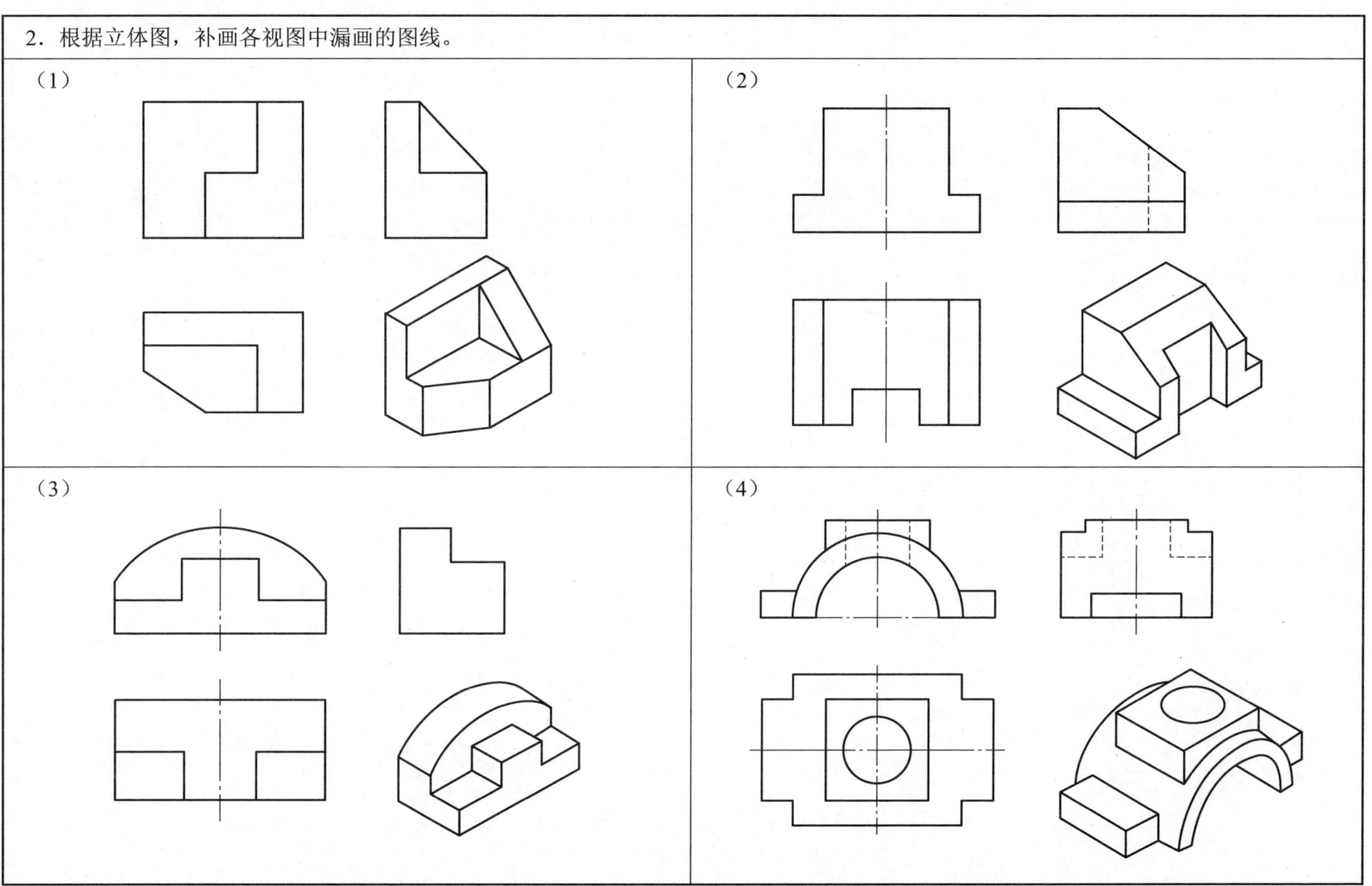

3. 补画各视图中漏画的图线。

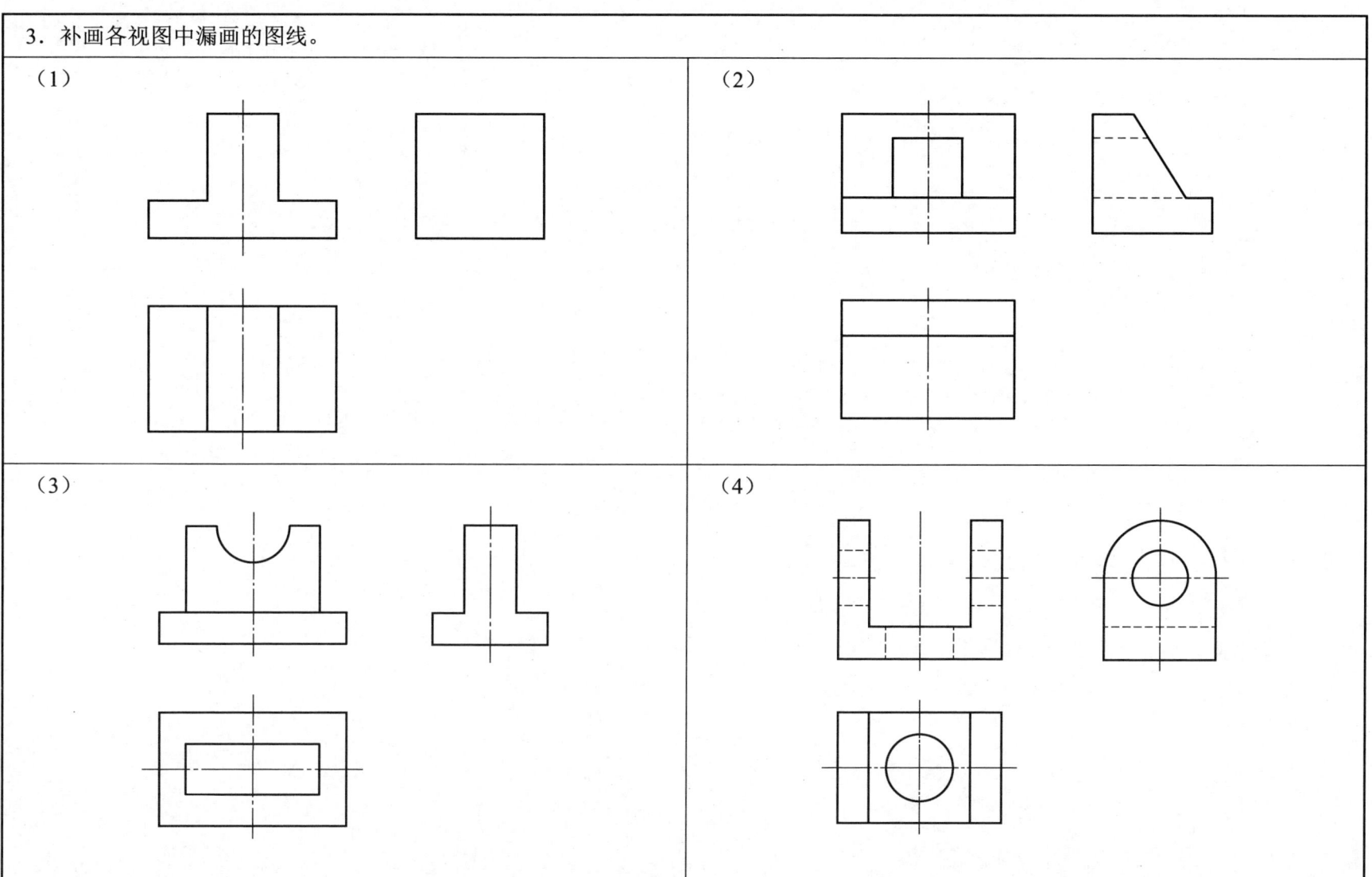

3-3 组合体的尺寸注法

1. 参照立体图上的尺寸，在三视图上标注尺寸。

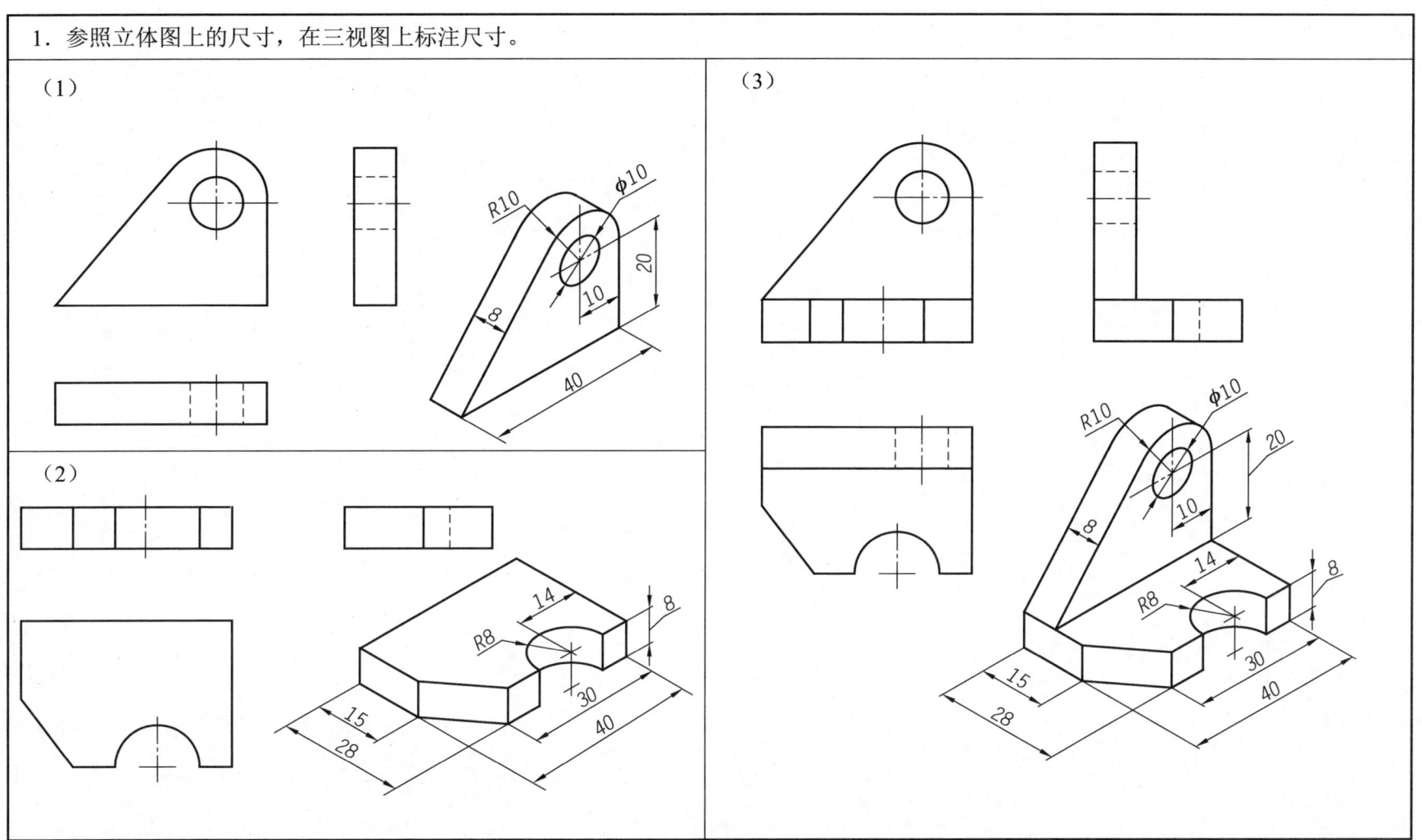

2. 在视图上标注组合体的尺寸，其尺寸按 1∶1 的比例从图中量取。

（1） （2）

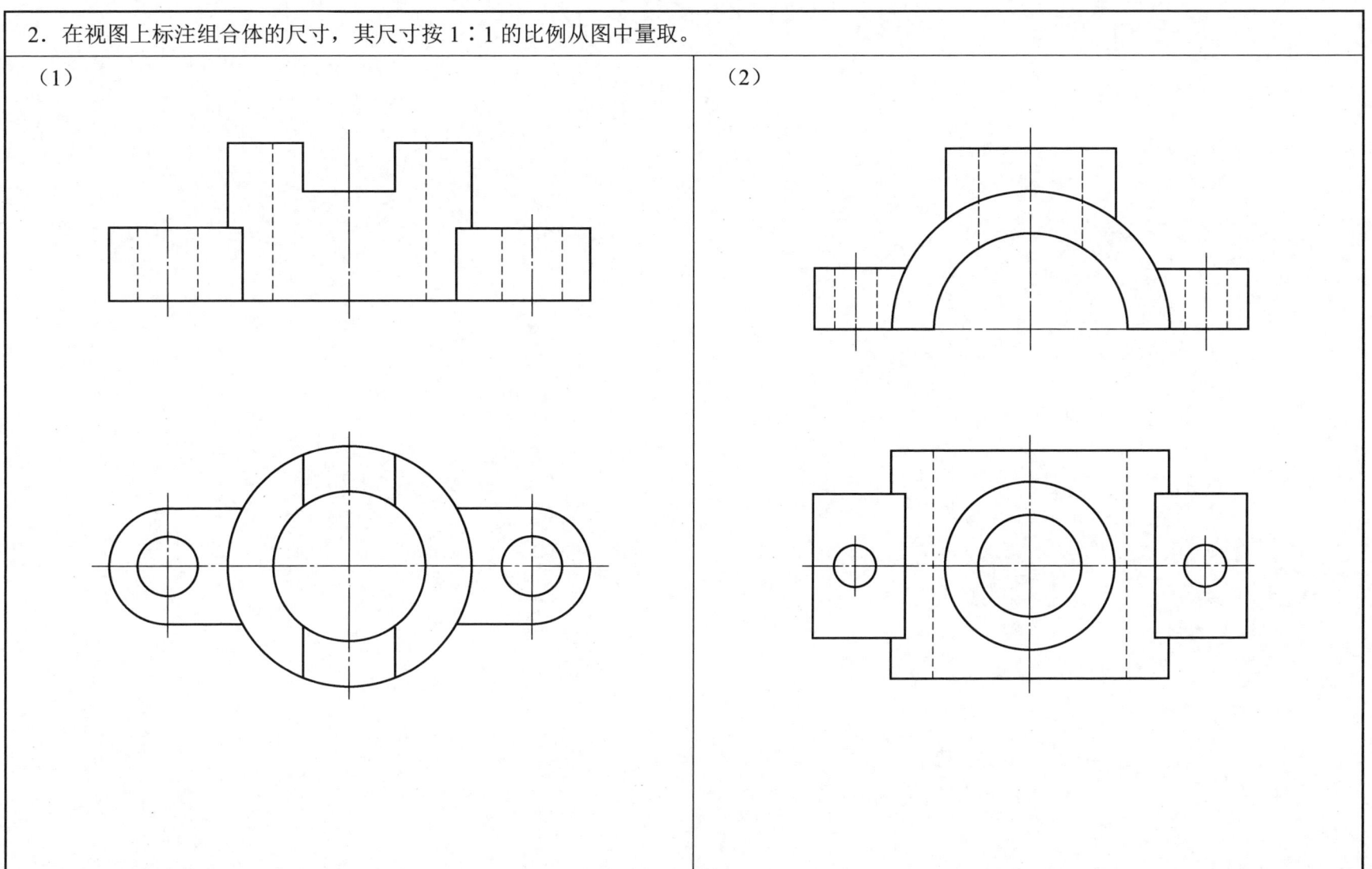

3-4 组合体视图的识读

1. 参照组合体的立体图补画第三视图。

（1）

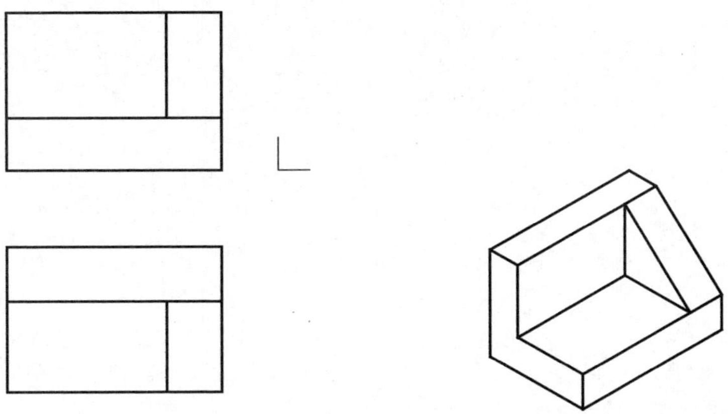

（2）

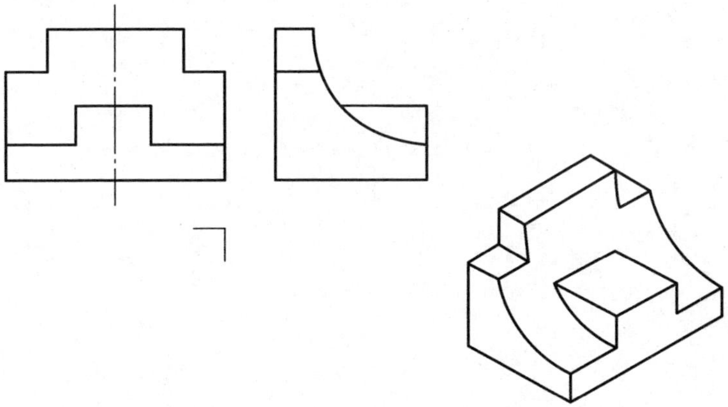

（3）

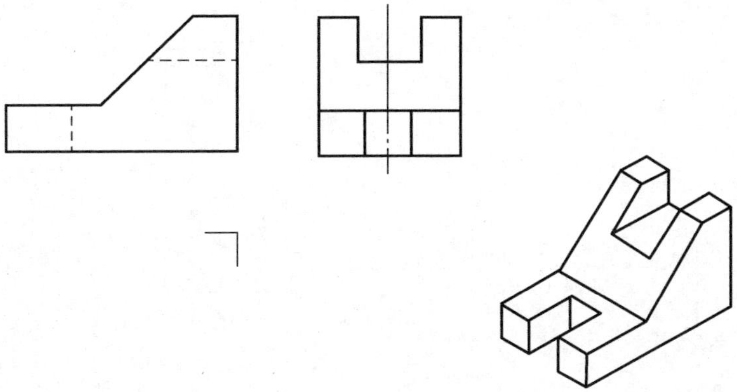

（4）

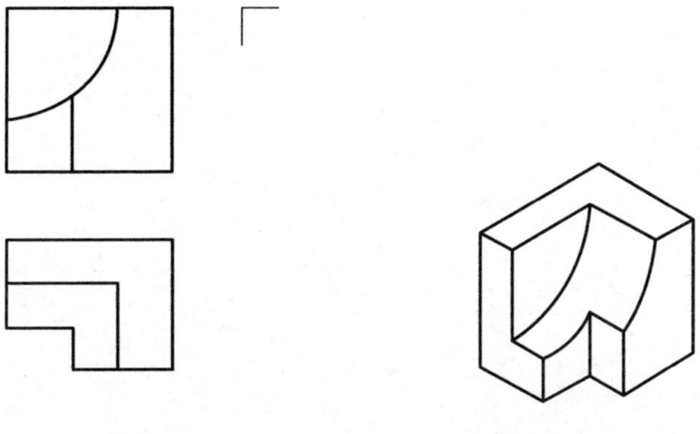

2. 补画组合体三视图中漏画的图线。

(1)

(2)

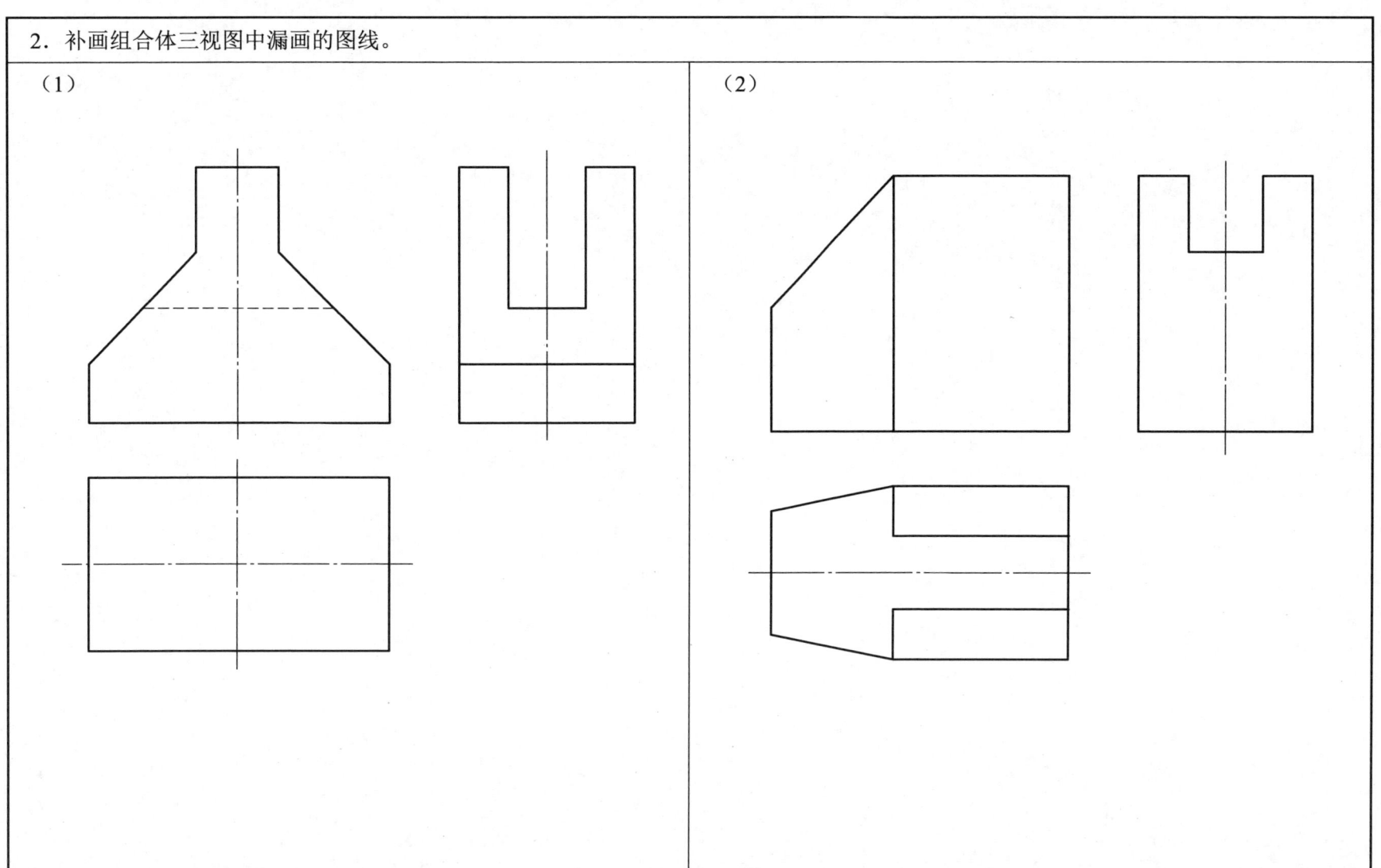

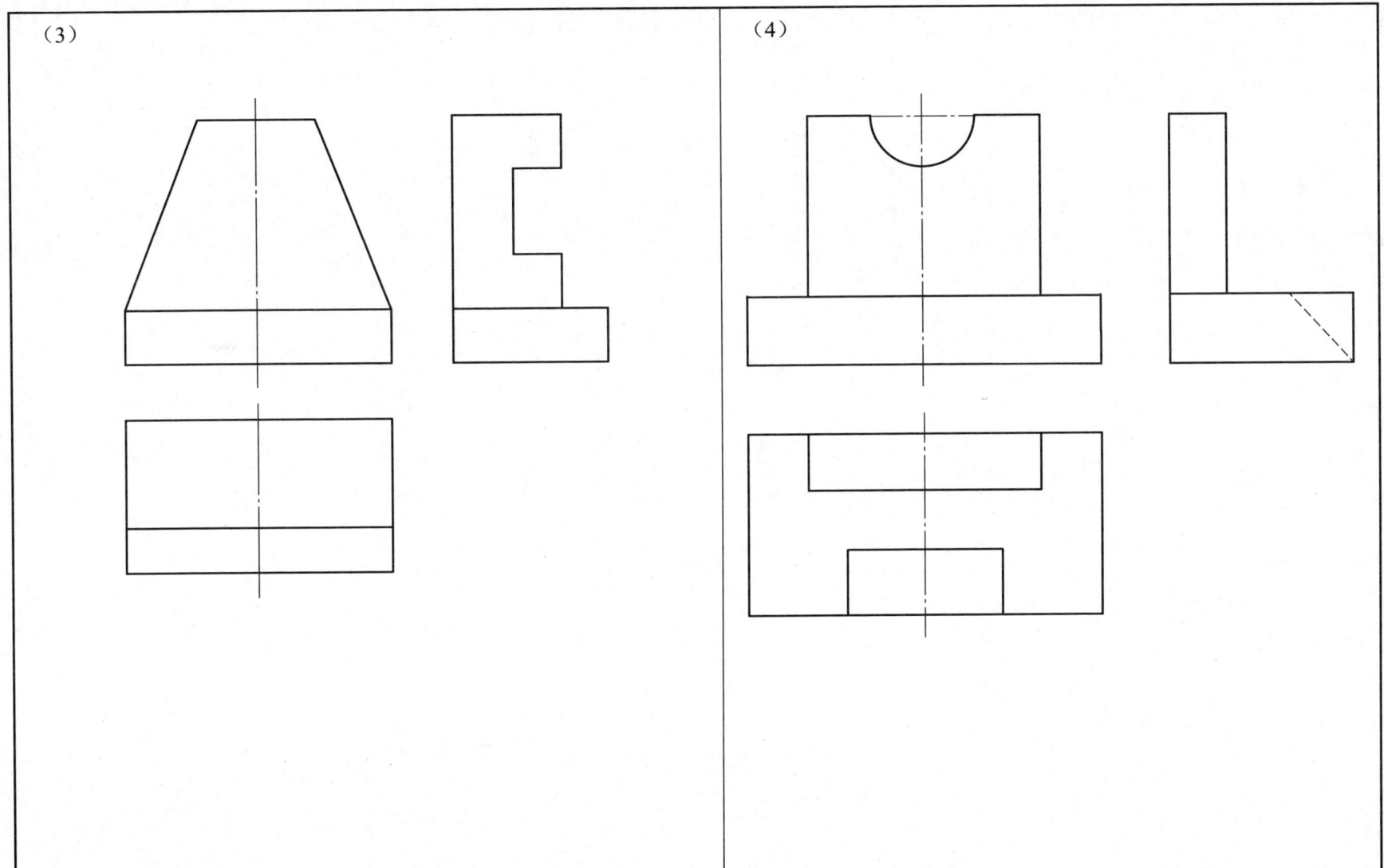

3. 根据已知视图分析组合体的形状,作出其第三视图。

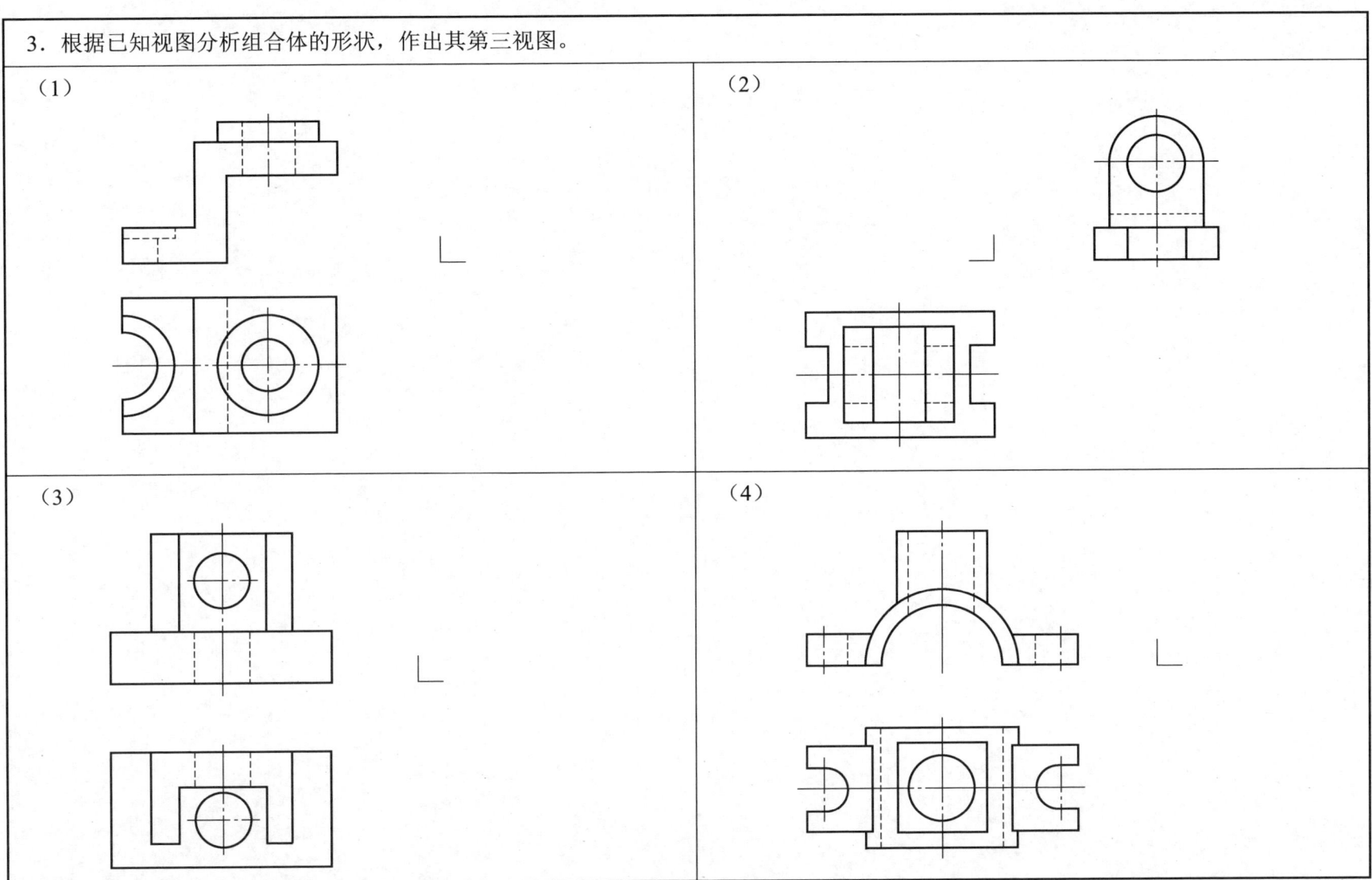

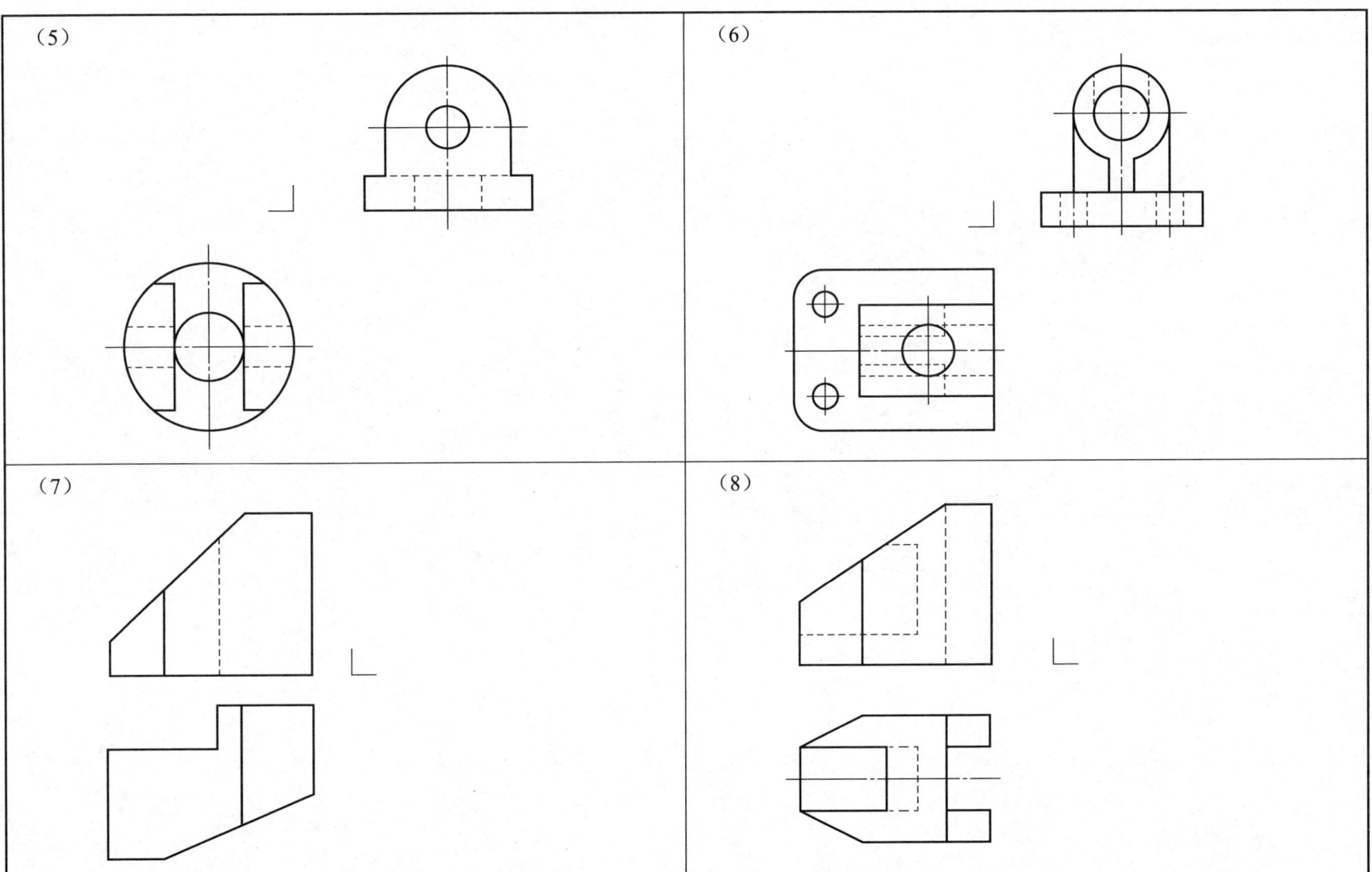

(9)

(10)

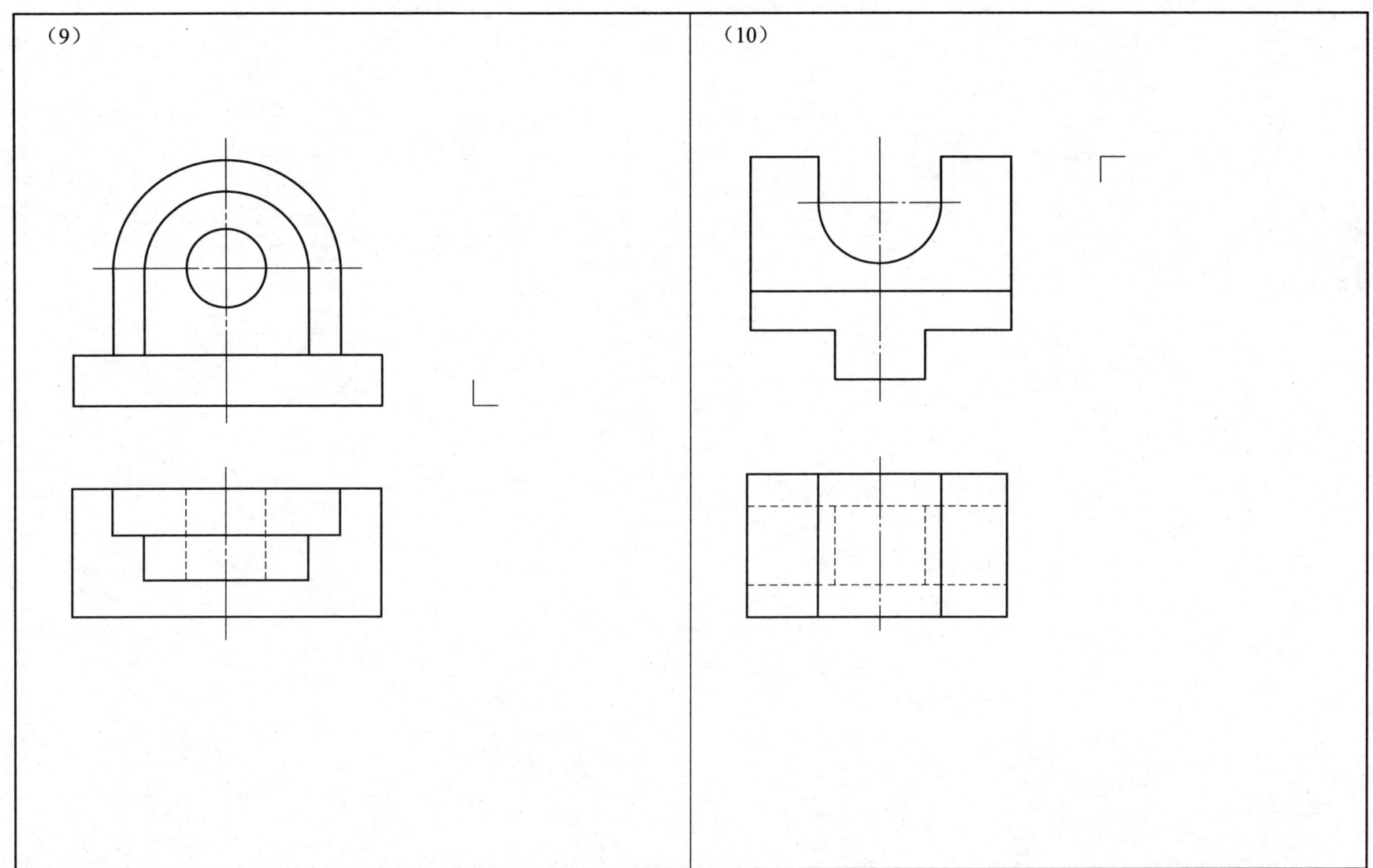

班级_____ 学号_____ 姓名_____

3-5 正等轴测图的画法

根据立体的三视图,作出其正等轴测图。

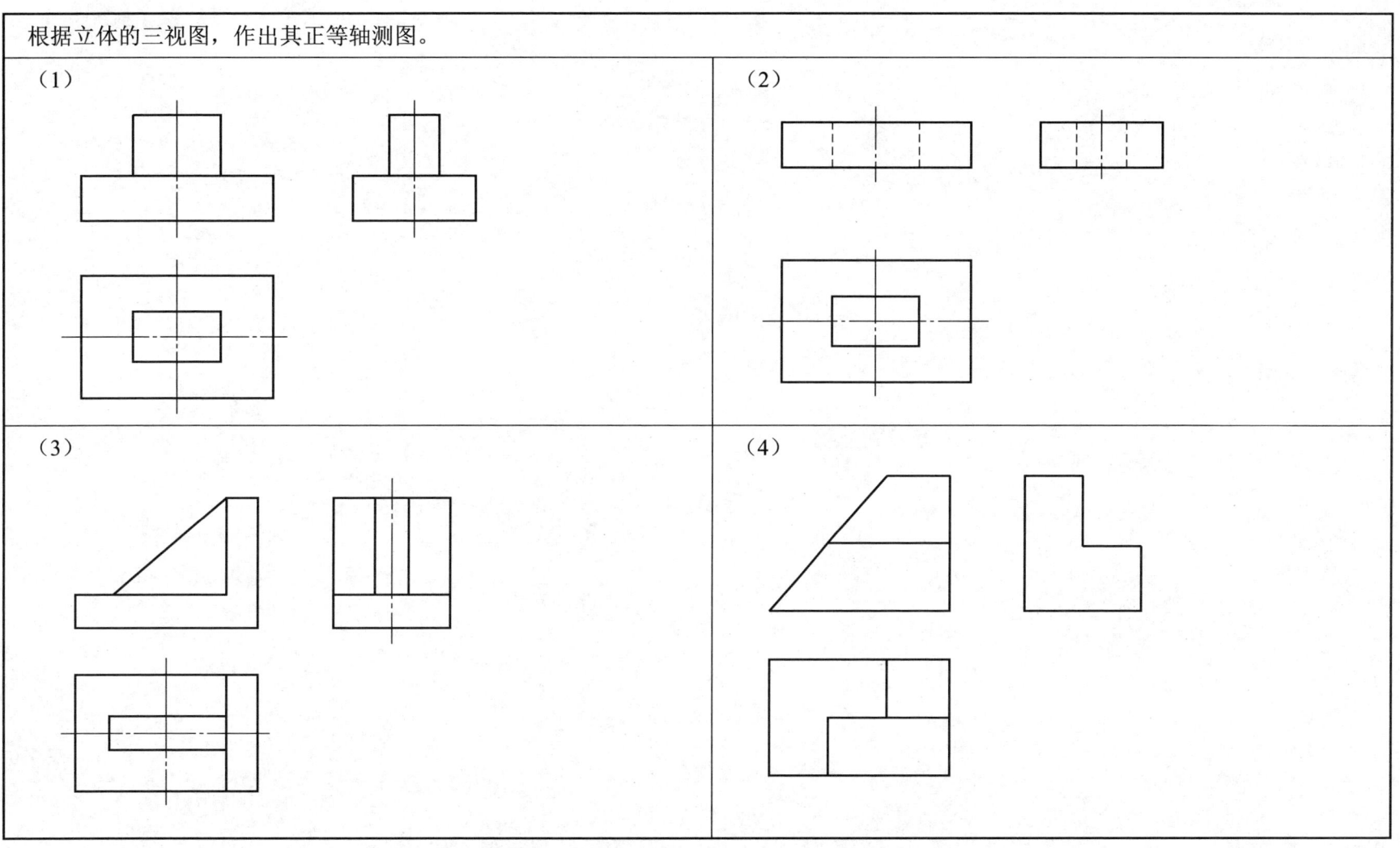

(1)　　(2)

(3)　　(4)

3-6 斜二等轴测图的画法

根据立体的各视图，作出其斜二等轴测图。

（1）

（2）

（3）

（4）

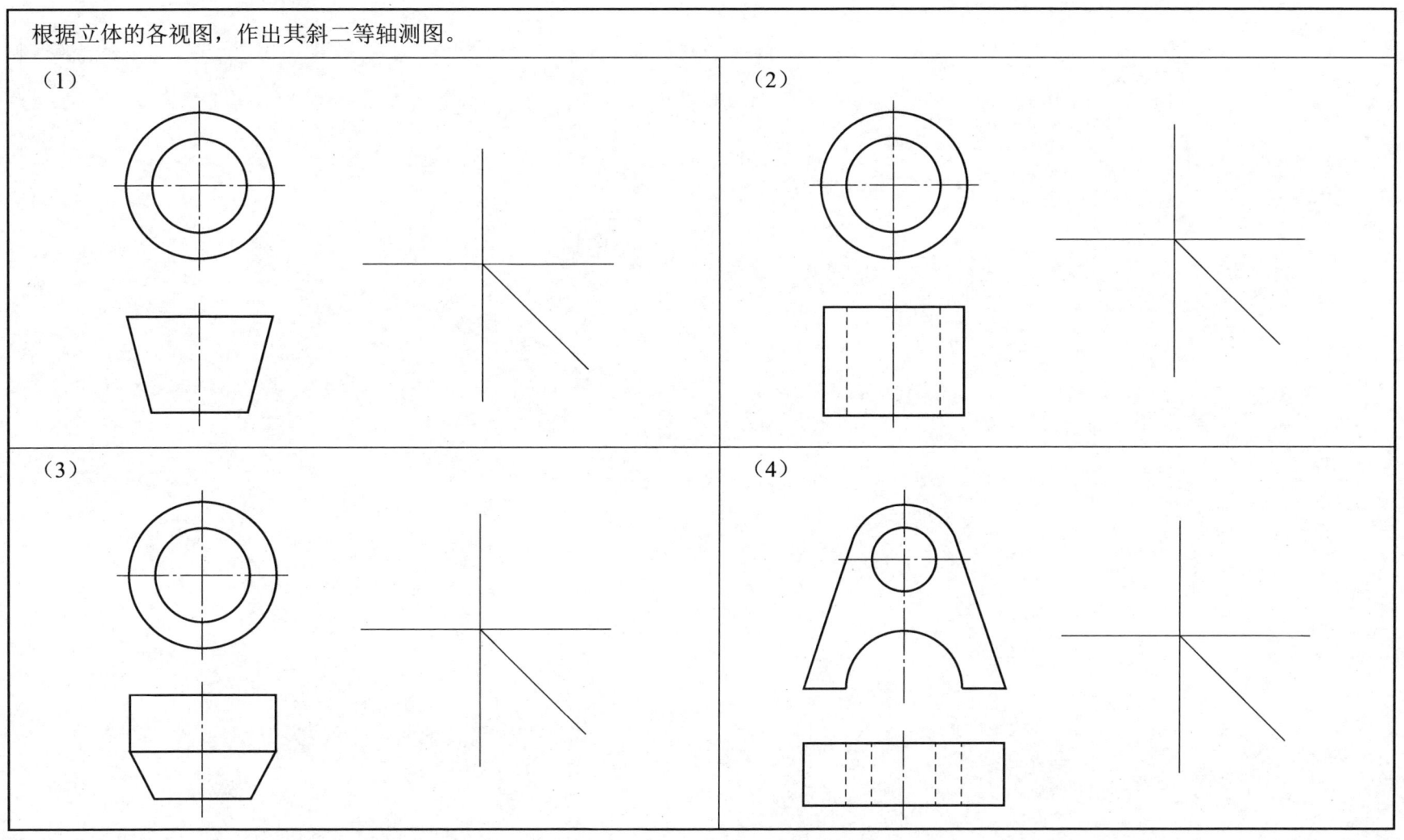

3-7 组合体画法的综合练习

根据正等轴测图按 1∶1 的比例作出组合体的三视图（要求用 A4 图纸并标注尺寸）。

（1）

（2）

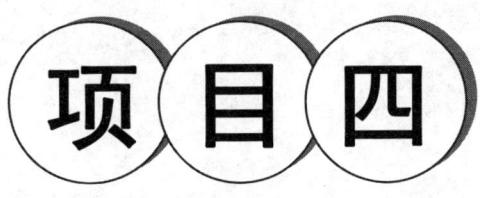

项目四 机件的表示方法

4-1 基本视图和向视图

1. 参照立体图，根据主视图和俯视图，在指定位置补画左视图、右视图、仰视图和后视图。

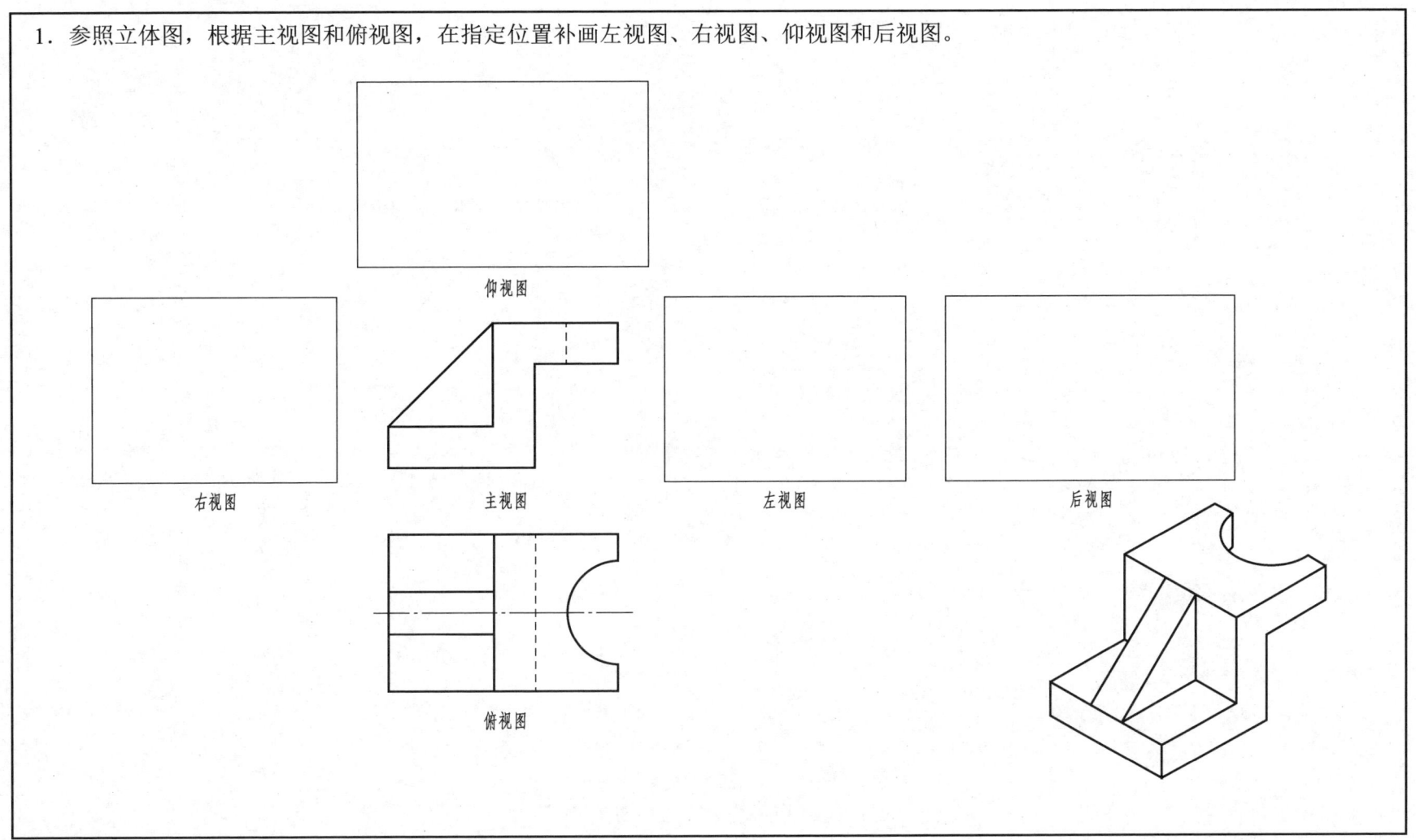

2. 参照立体图，在合适的位置分别作出 A 向和 B 向视图。

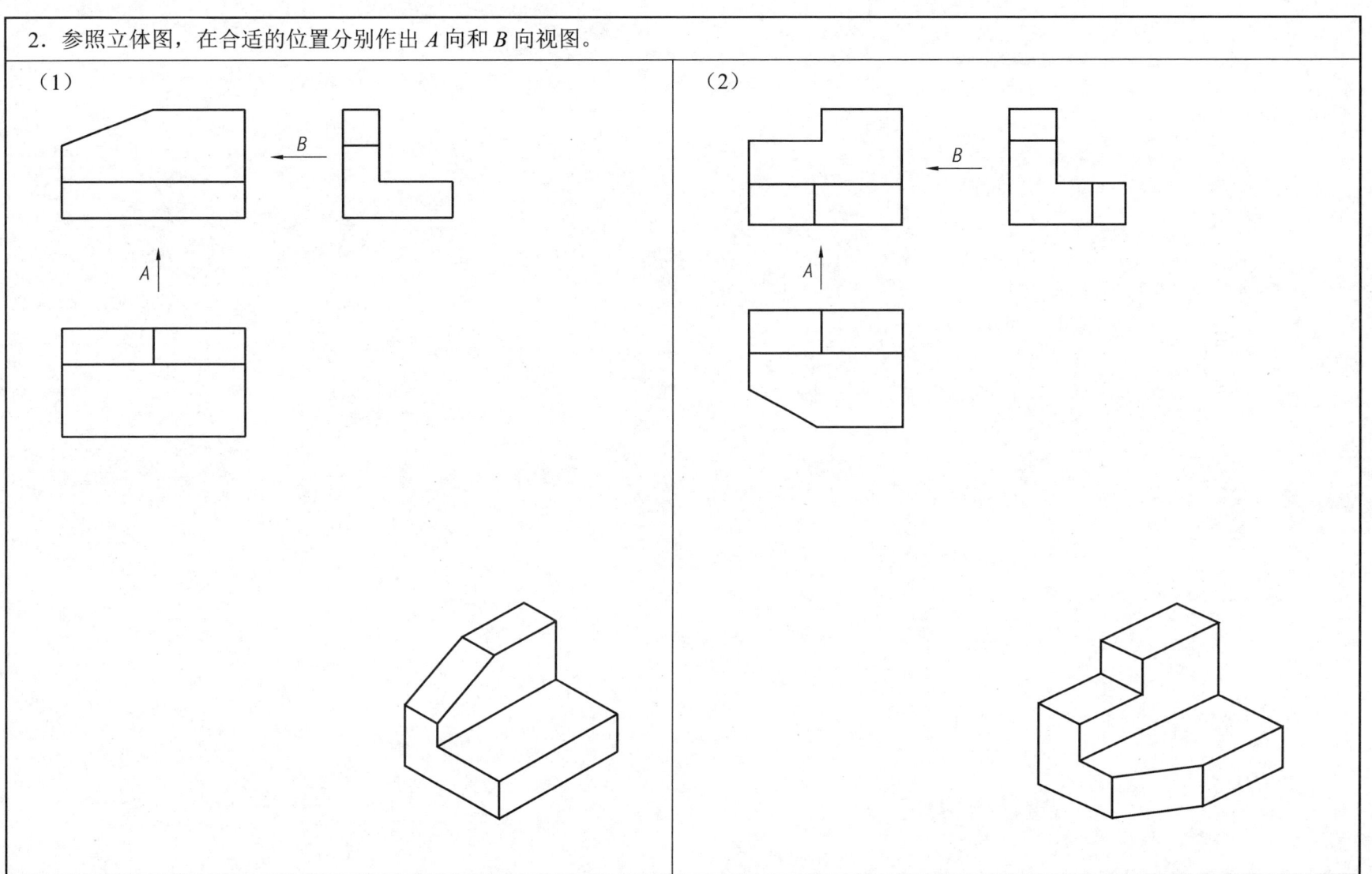

4-2 局部视图和斜视图

根据立体图作出 A 向局部视图和斜视图。

(1)

(2)

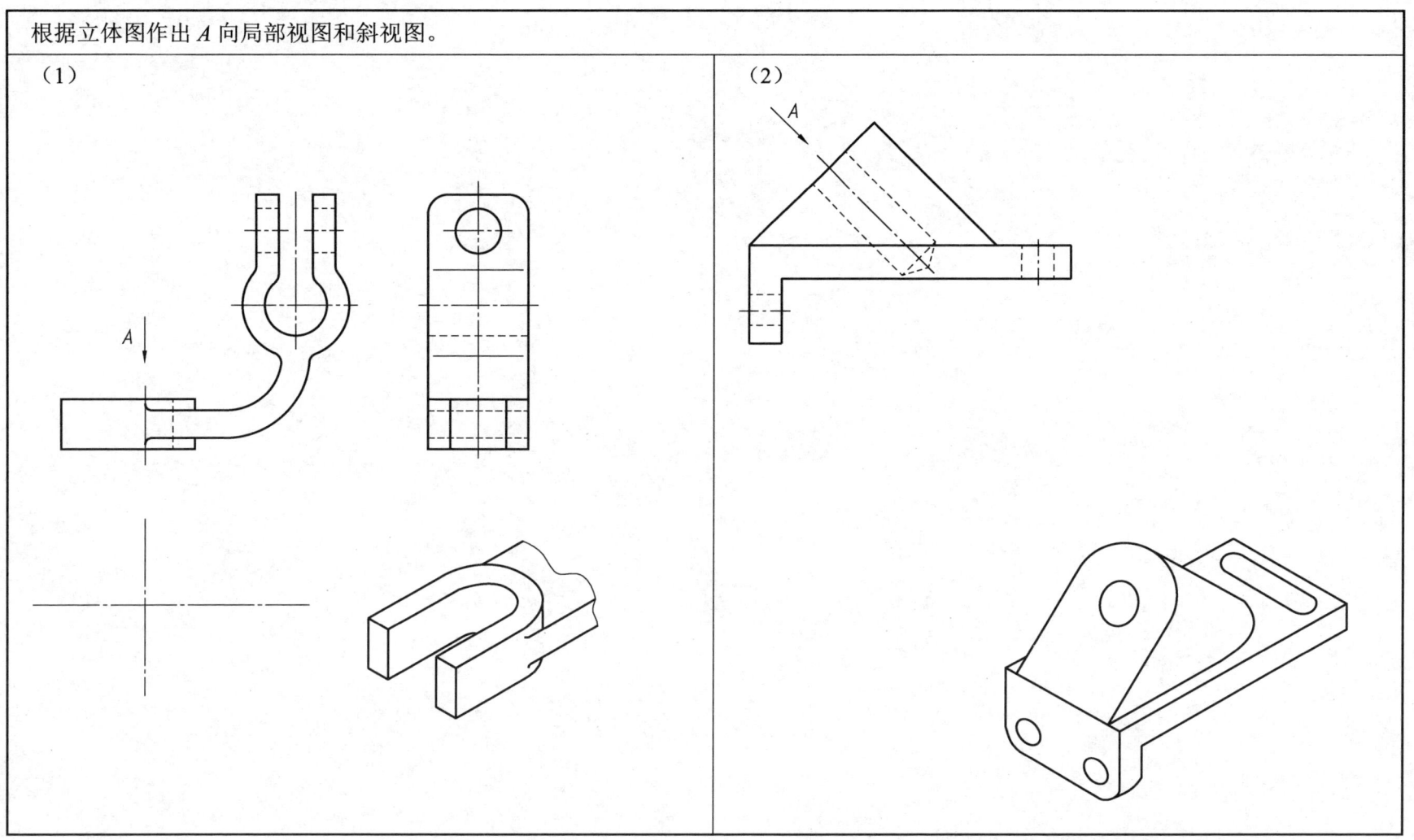

4-3 剖视图

1. 补画剖视图中漏画的图线。

(1)

(2)　　　(3)

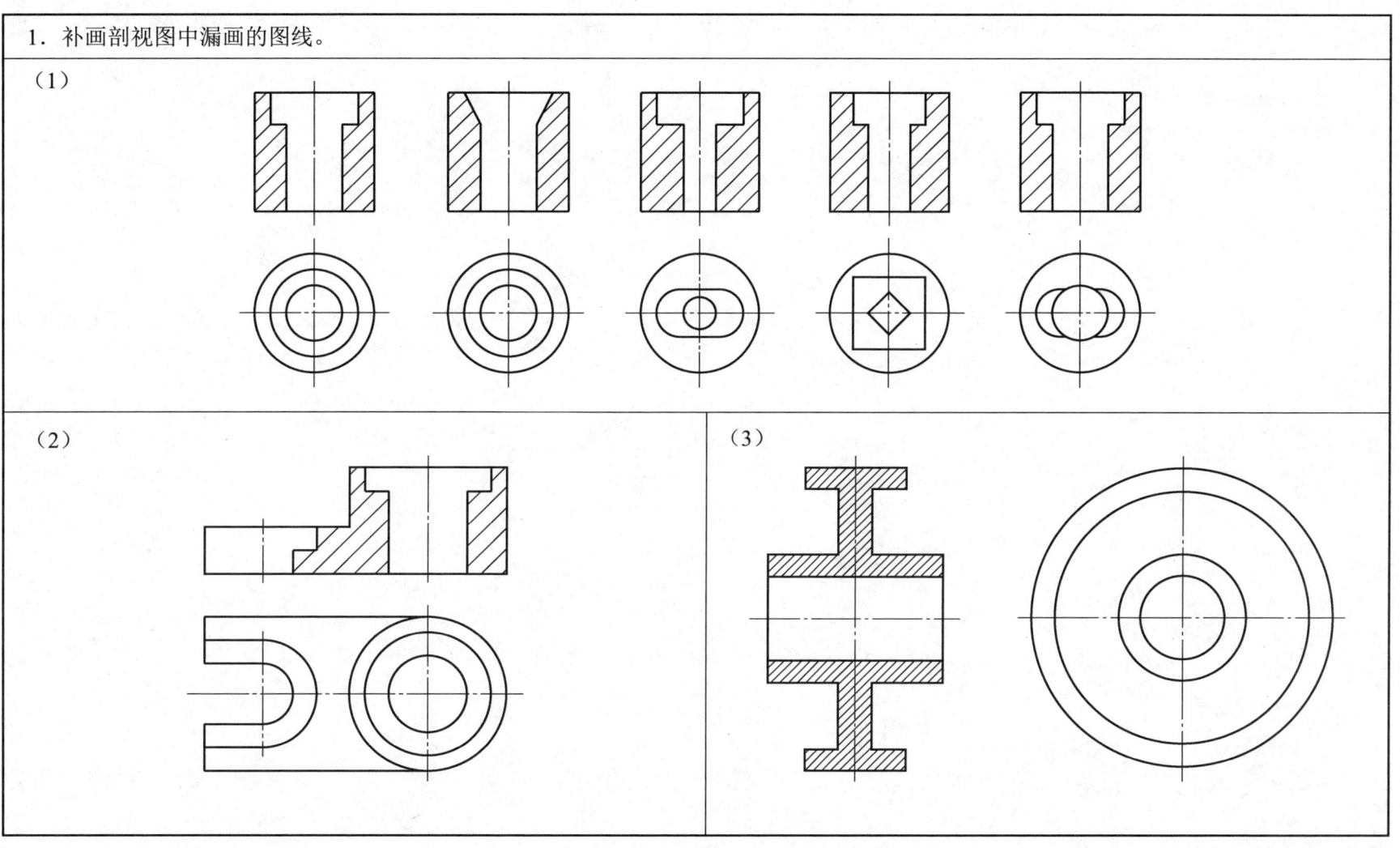

2. 参照立体图，在指定位置将主视图画成全剖视图。

（1）

（2）

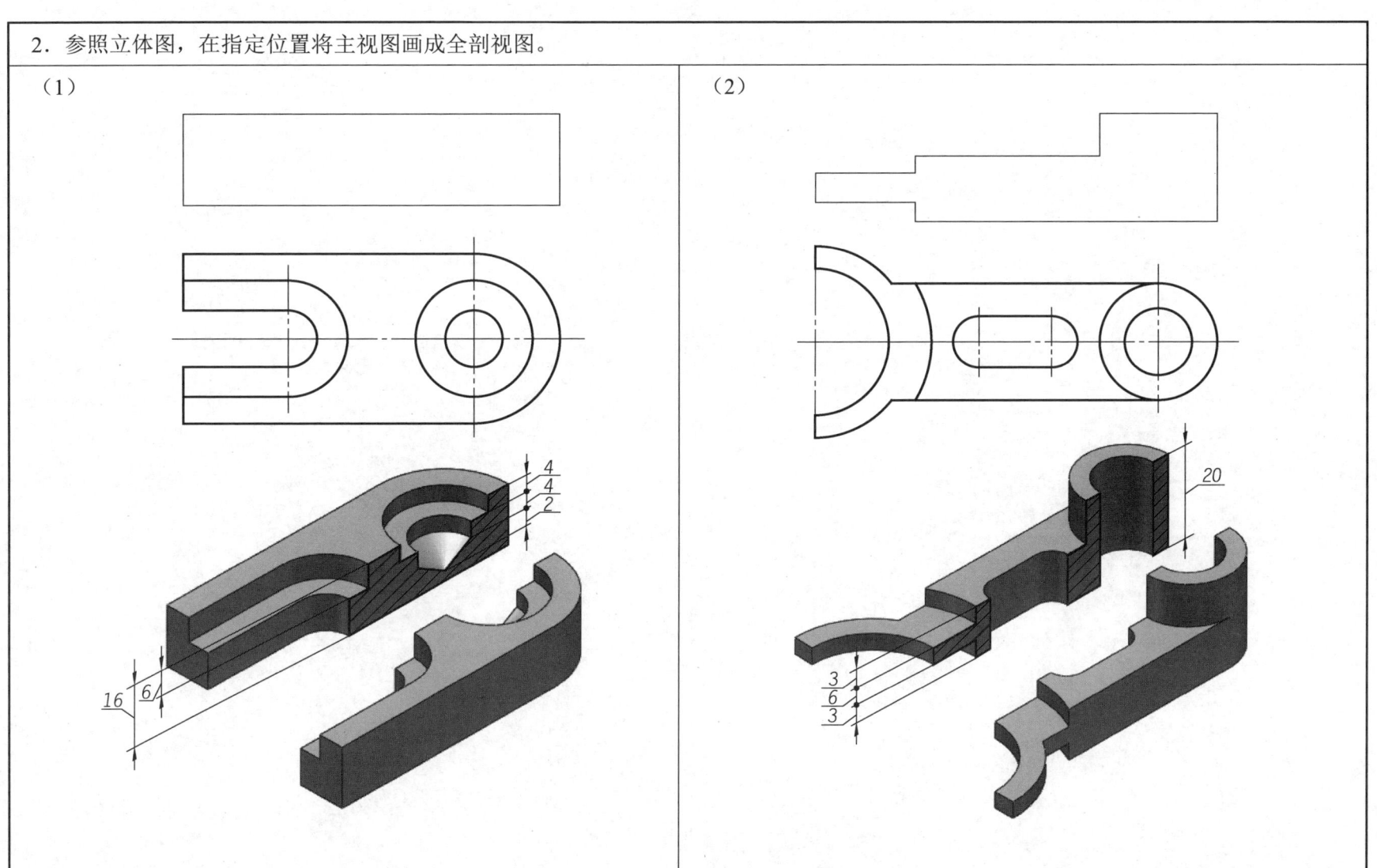

3. 参照主视图与俯视图，在指定位置将主视图画成全剖视图。

(1)

(2)

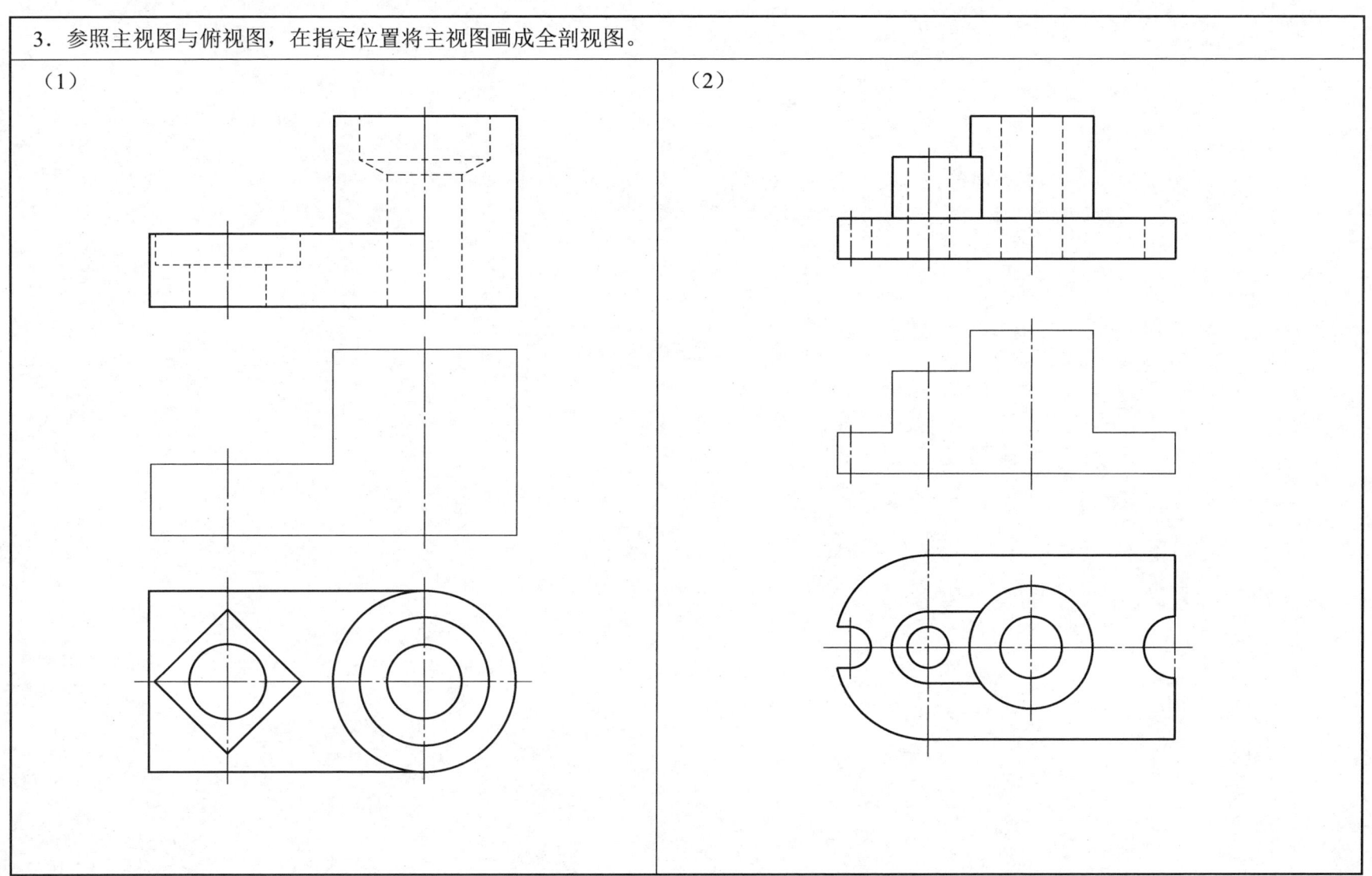

（3） （4）

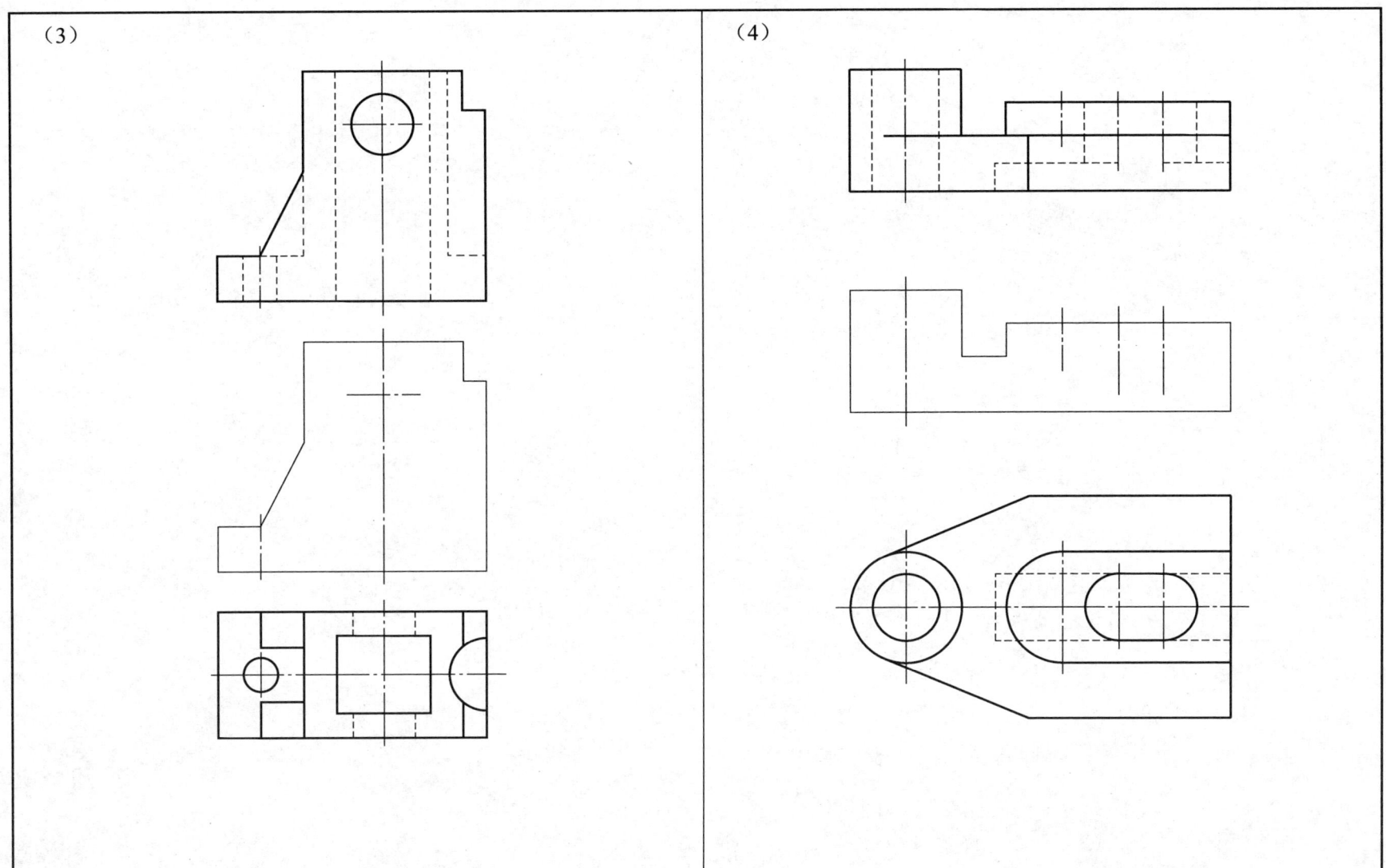

4. 参照主视图与俯视图，在指定位置将主视图画成半剖视图。

(1)   (2)

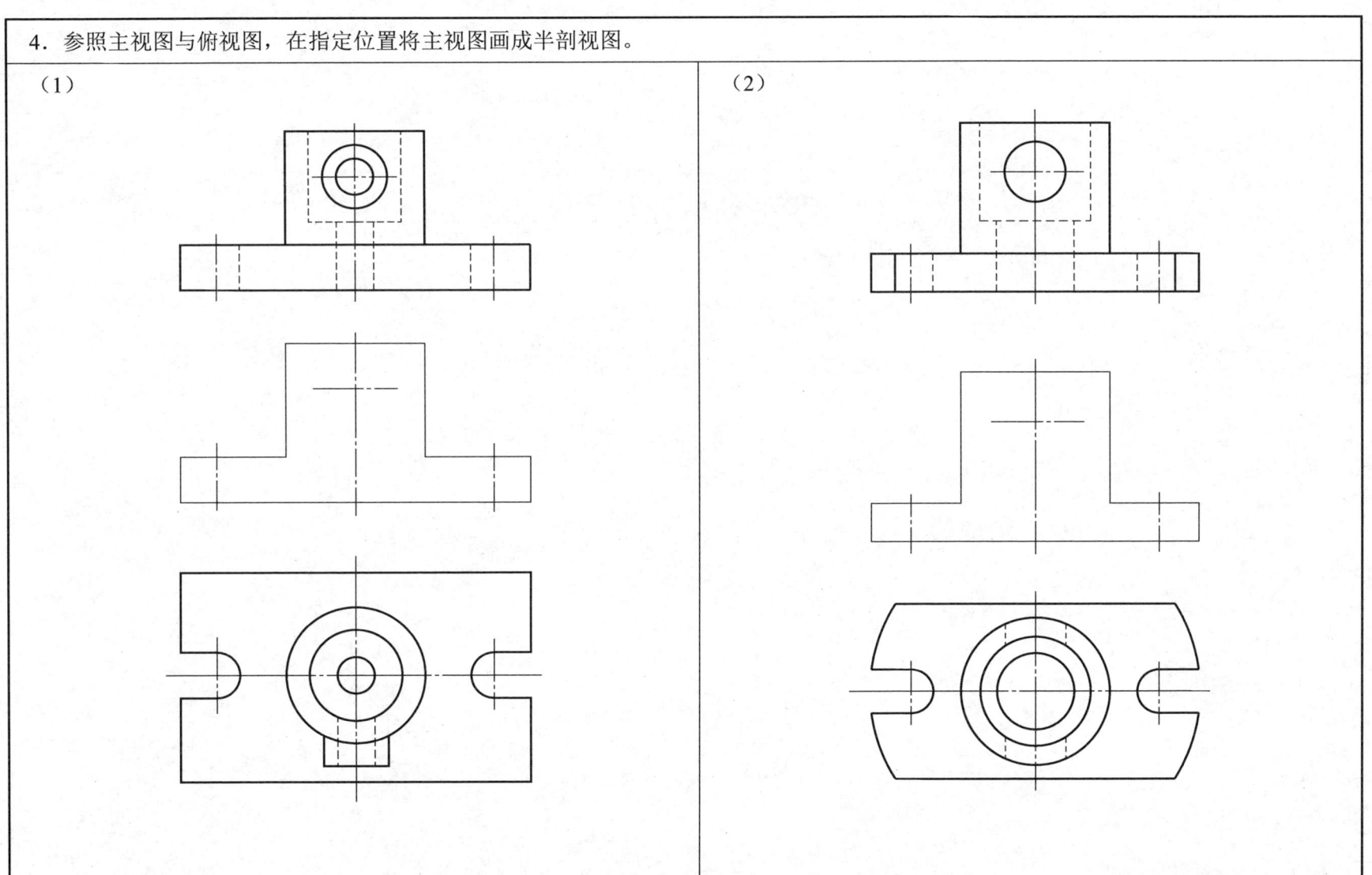

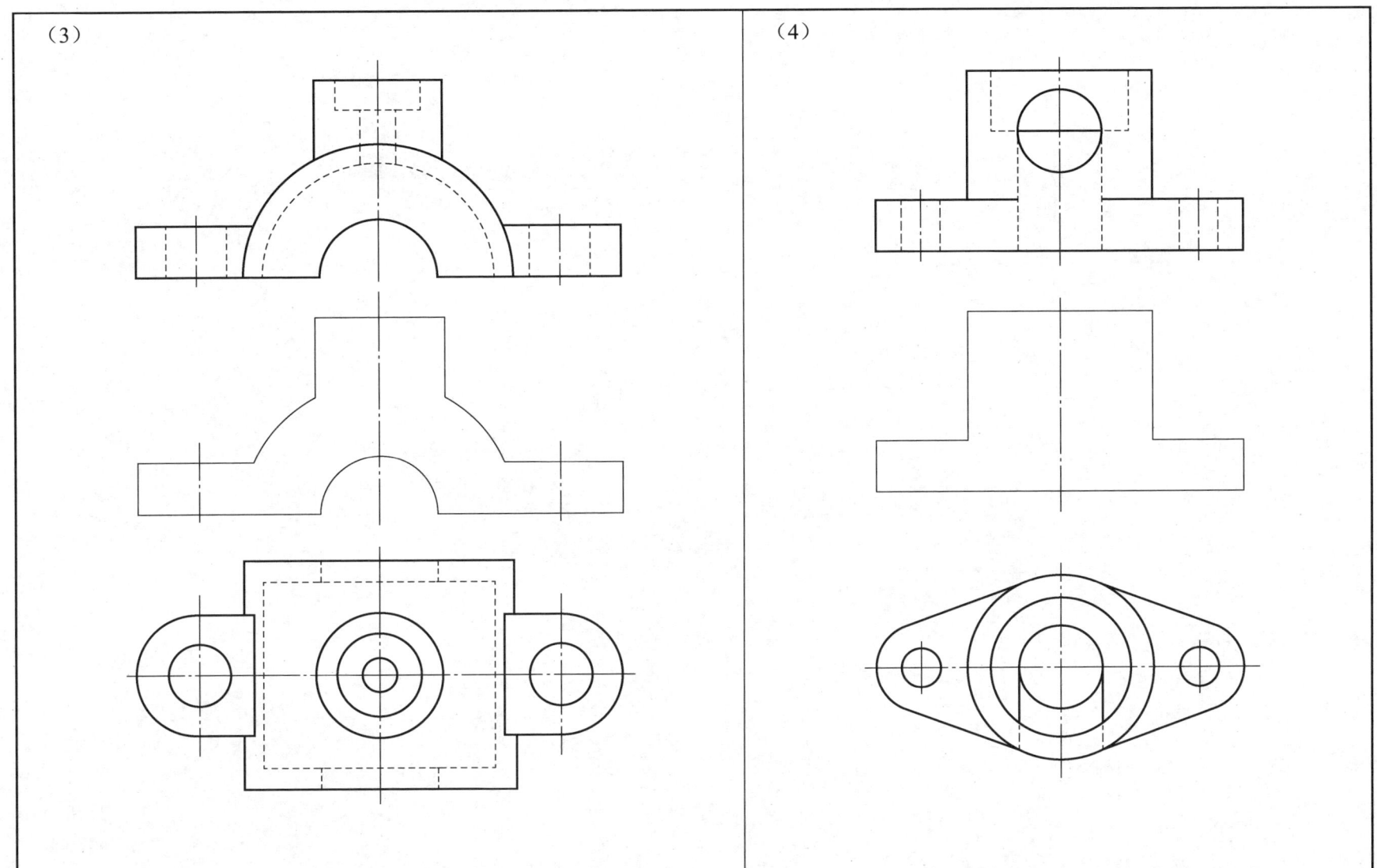

5. 参照主视图与俯视图，在指定位置将主视图画成半剖视图，并作出全剖的左视图。

（1）

（2）

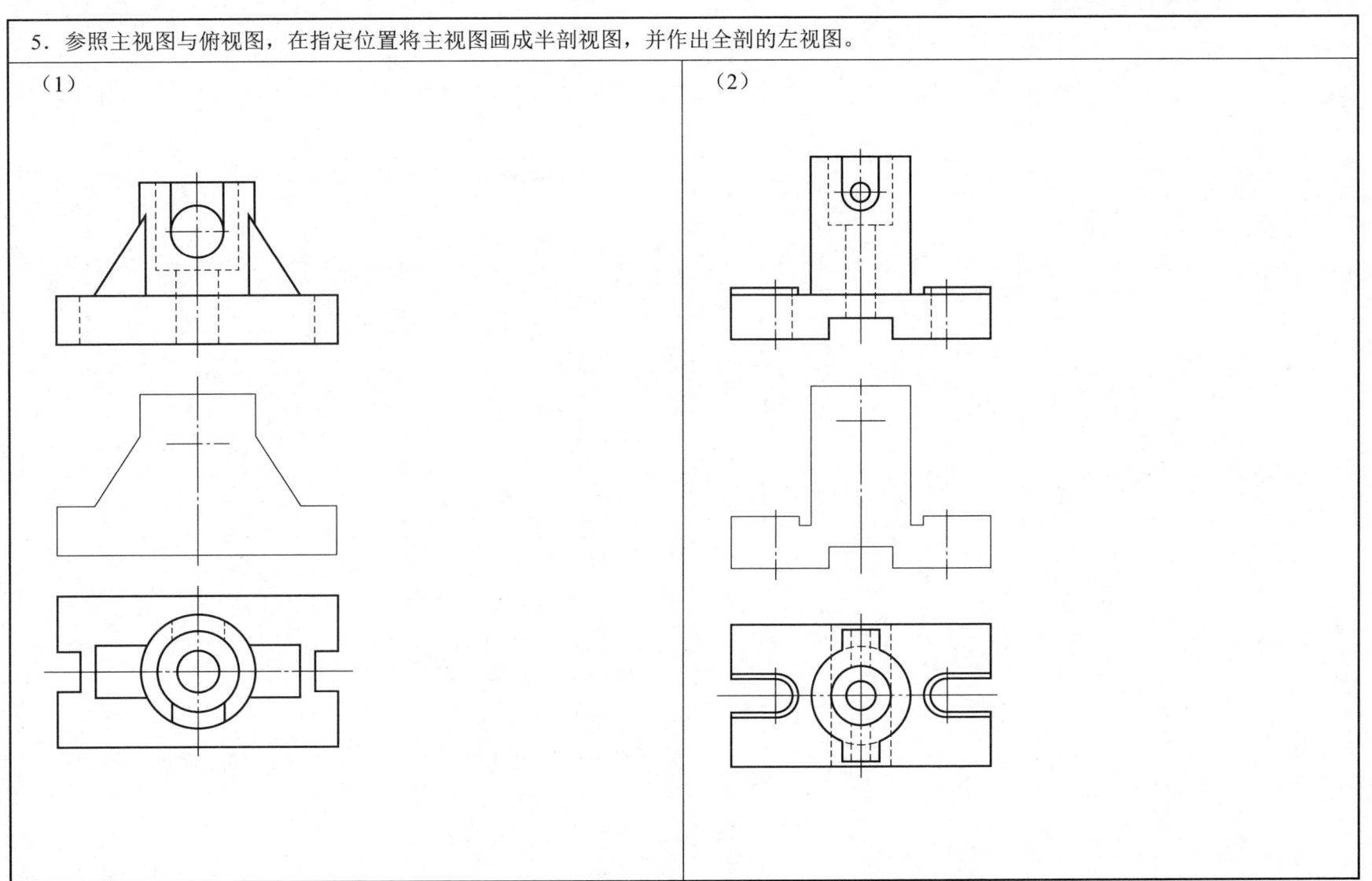

6. 参照俯视图，选择正确的局部剖视图，在其对应的括号内画"√"。

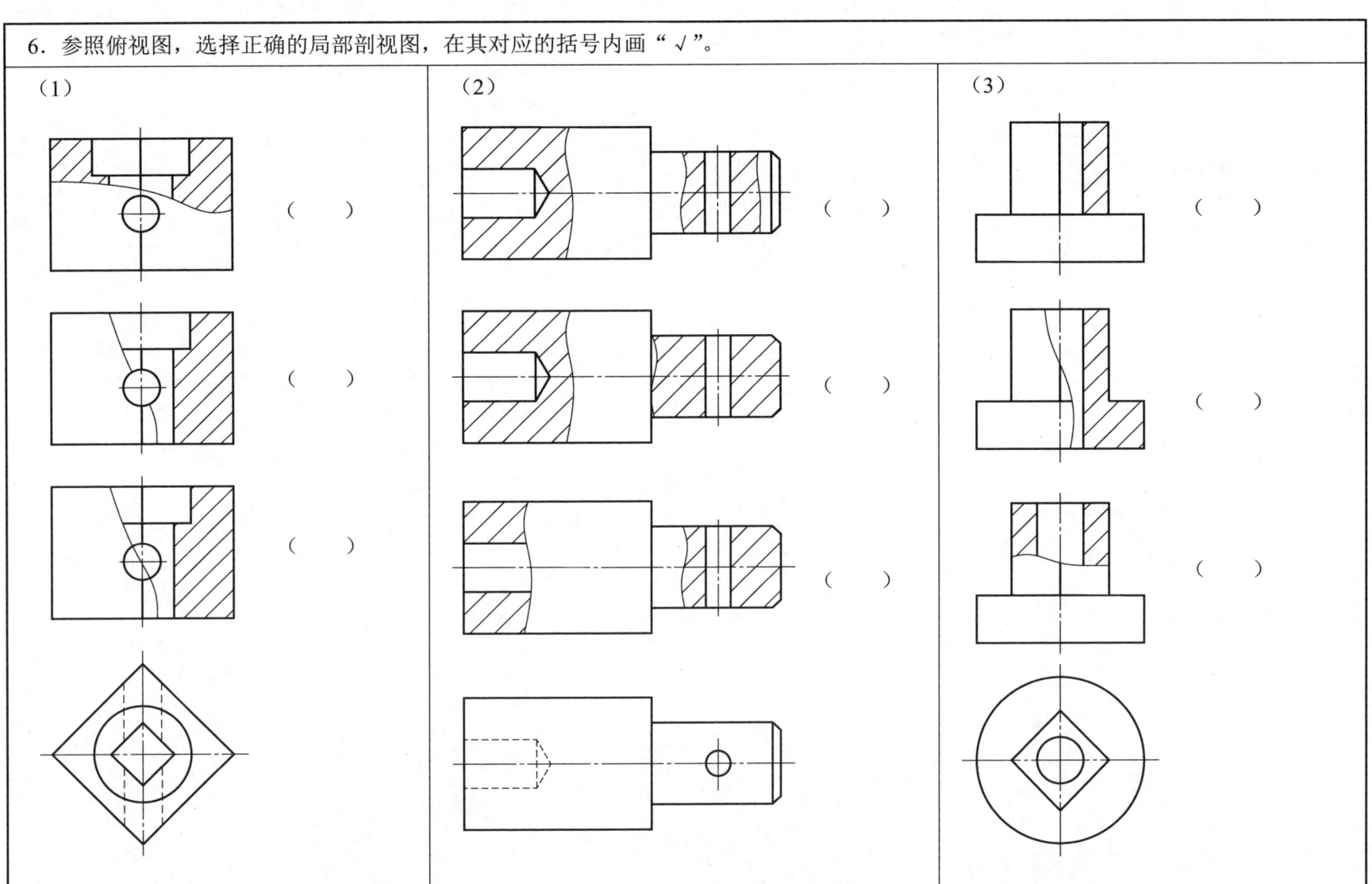

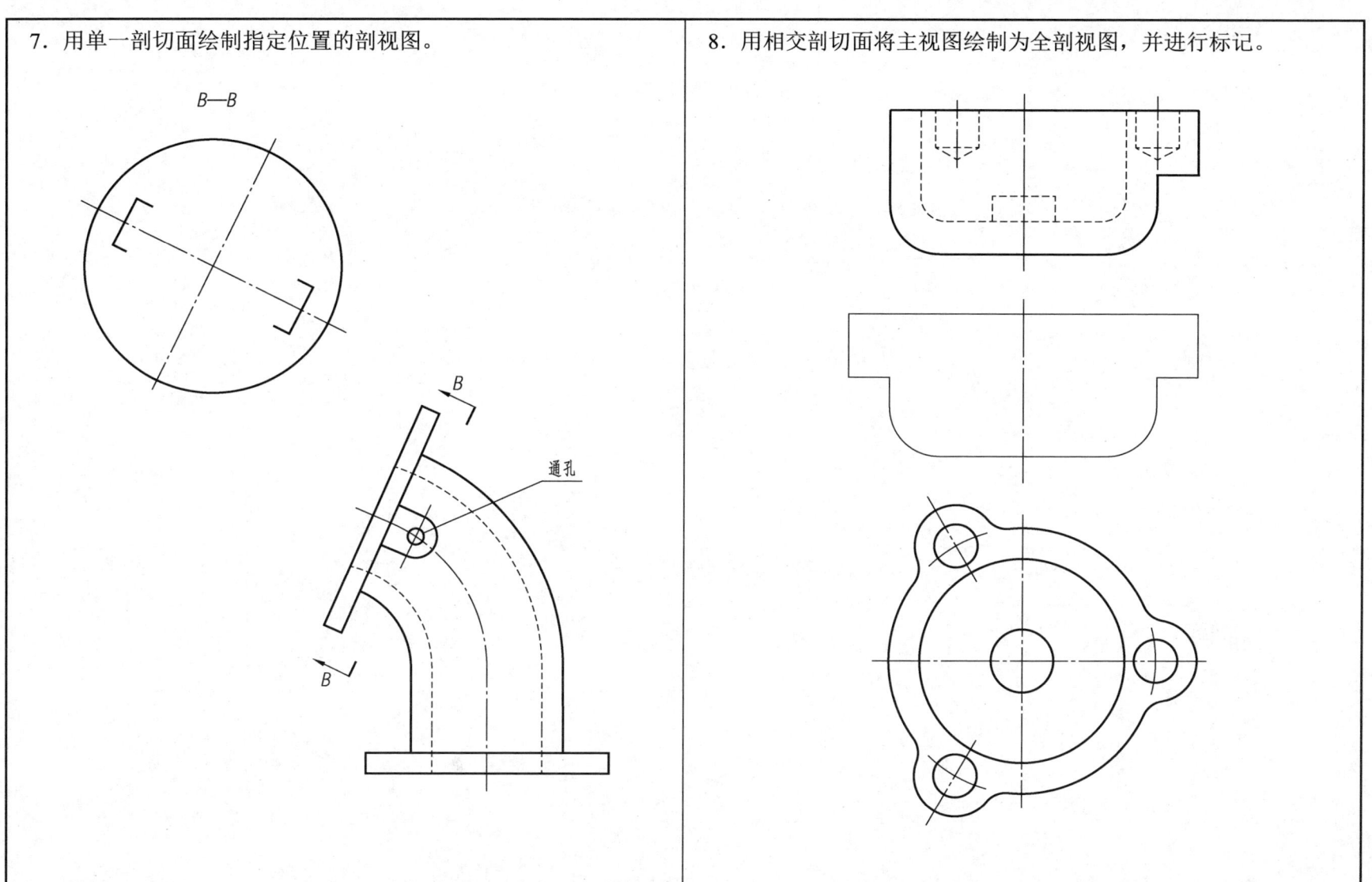

9. 用平行剖切面将主视图绘制成全剖视图并进行标记。

10. 用多种剖切面的组合，将主视图绘制成全剖视图并进行标记。

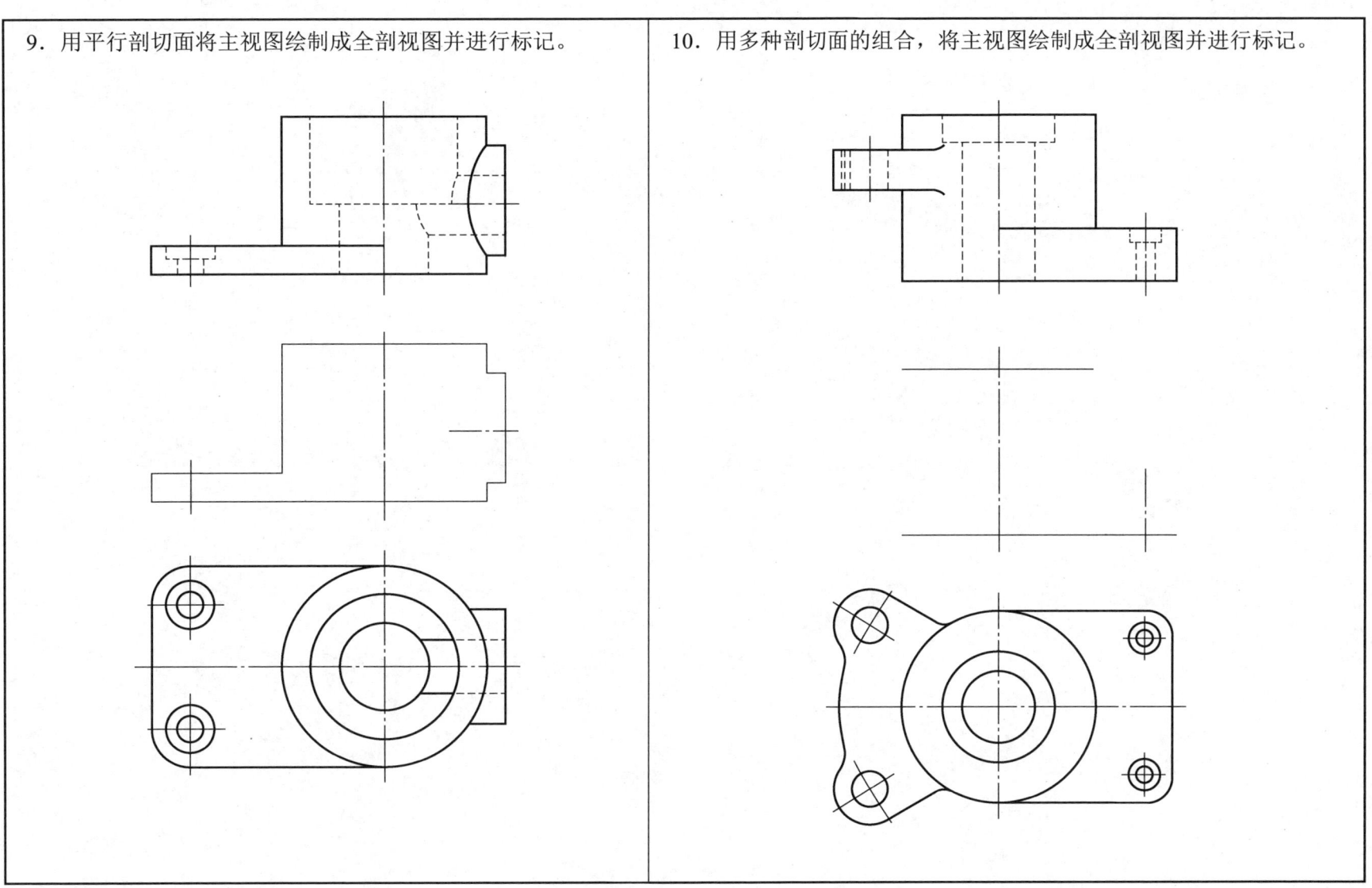

4-4 断面图

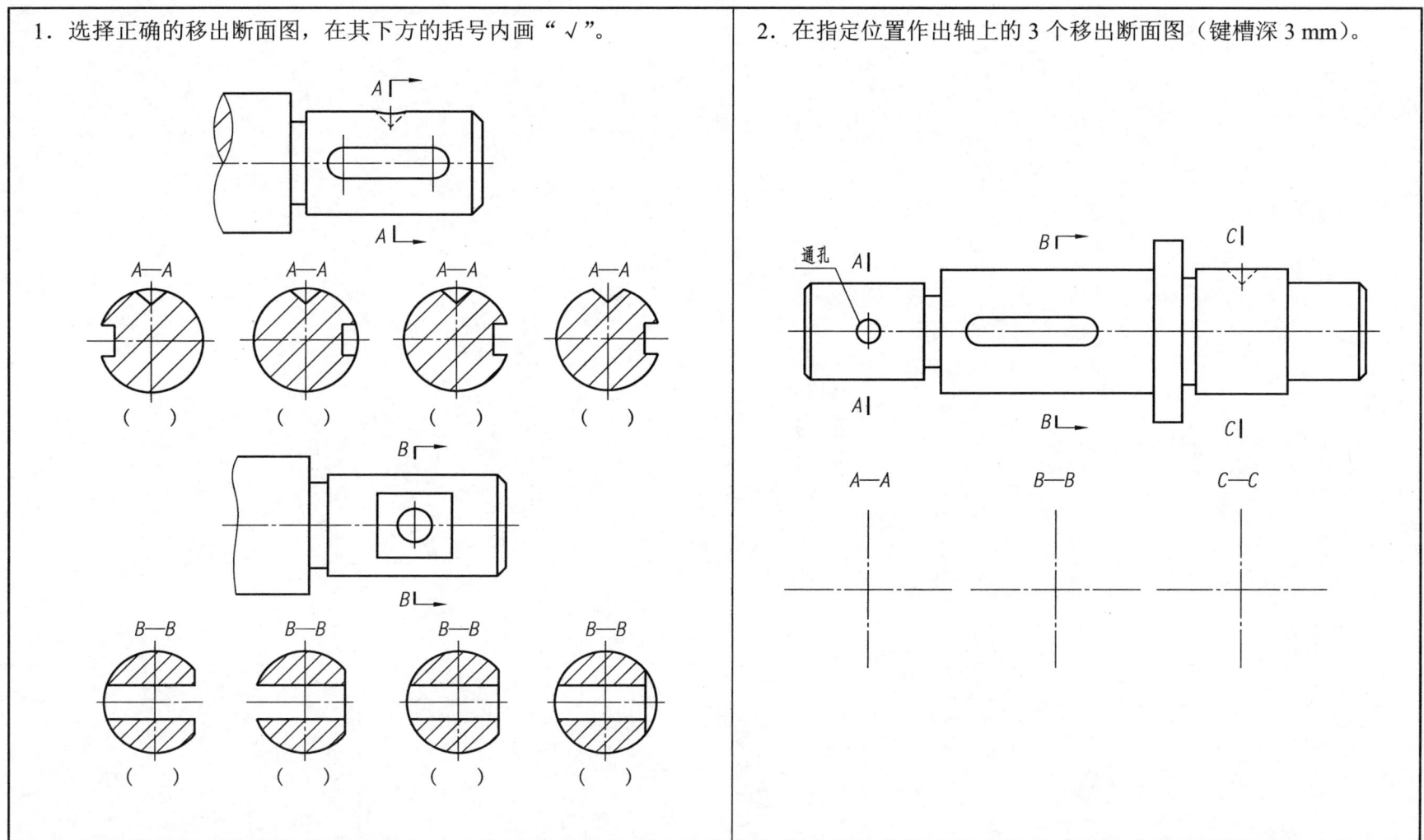

3. 绘制主视图的半剖视图和俯视图的全剖视图，并绘制 $B—B$ 的移出断面图。

4-5 局部放大图

在空白处绘制零件的局部放大图（Ⅰ处按 2∶1 比例绘制，Ⅱ处按 4∶1 比例绘制）。

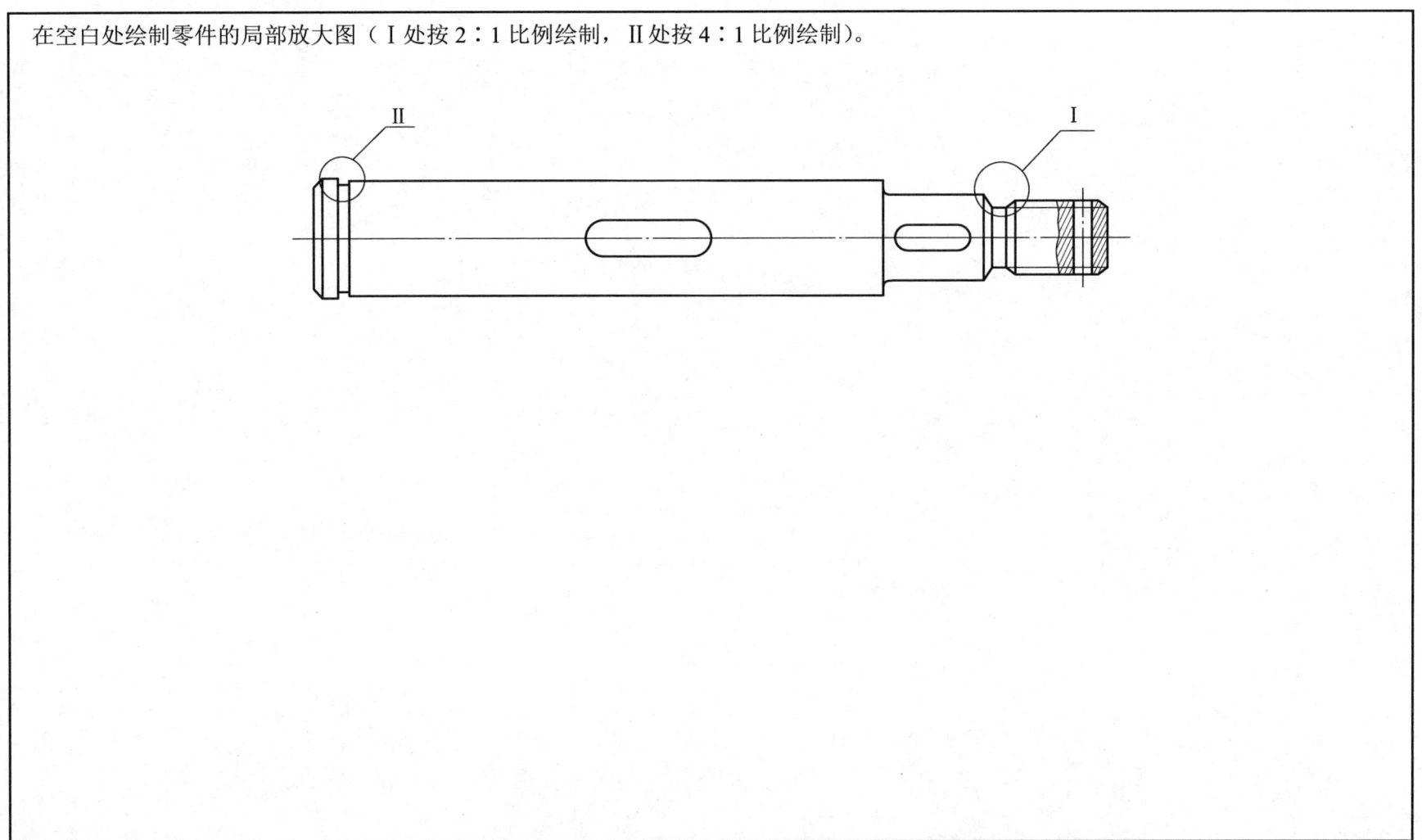

班级＿＿＿＿＿＿＿＿ 学号＿＿＿＿＿＿＿＿ 姓名＿＿＿＿＿＿＿＿

4-6　简化画法

采用简化画法重新绘制视图，并进行必要的标注。

4-7 机件表示方法的综合练习

根据所给立体图及其尺寸，选择合适的表示方法及图纸幅面，按 1∶1 的比例作出各视图（要求用 A4 图纸，不标注尺寸）。

（1） （2）

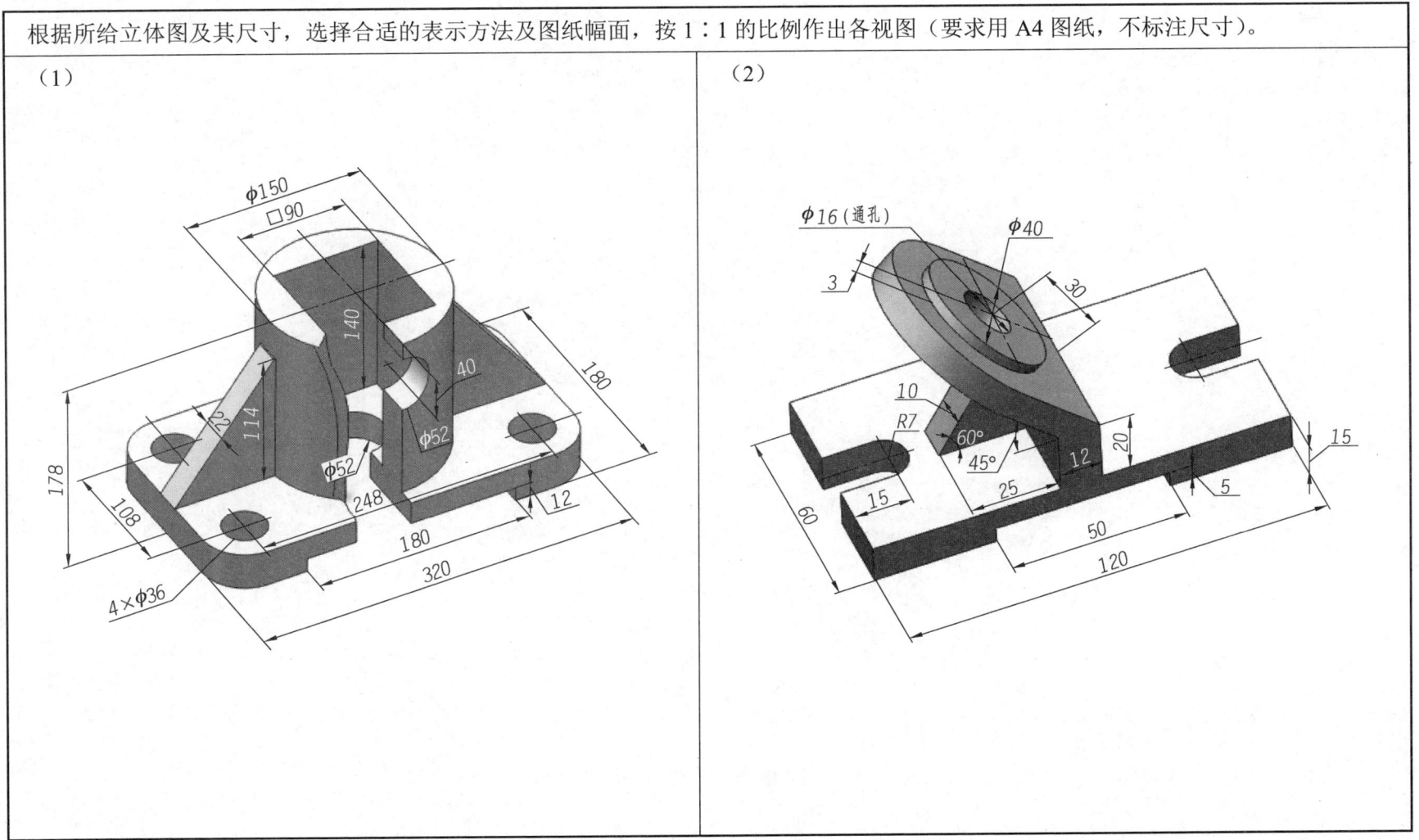

班级_____ 学号_____ 姓名_____

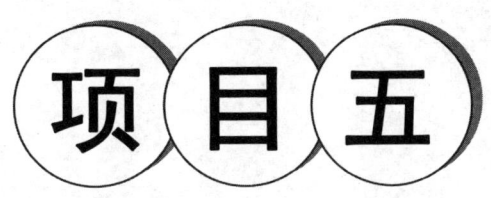

标准件与常用件的画法

5-1 螺纹的基本知识和画法

1. 下列四种内螺纹的画法中正确的是（　　）。

2. 下列四种外螺纹的画法中正确的是（　　）。

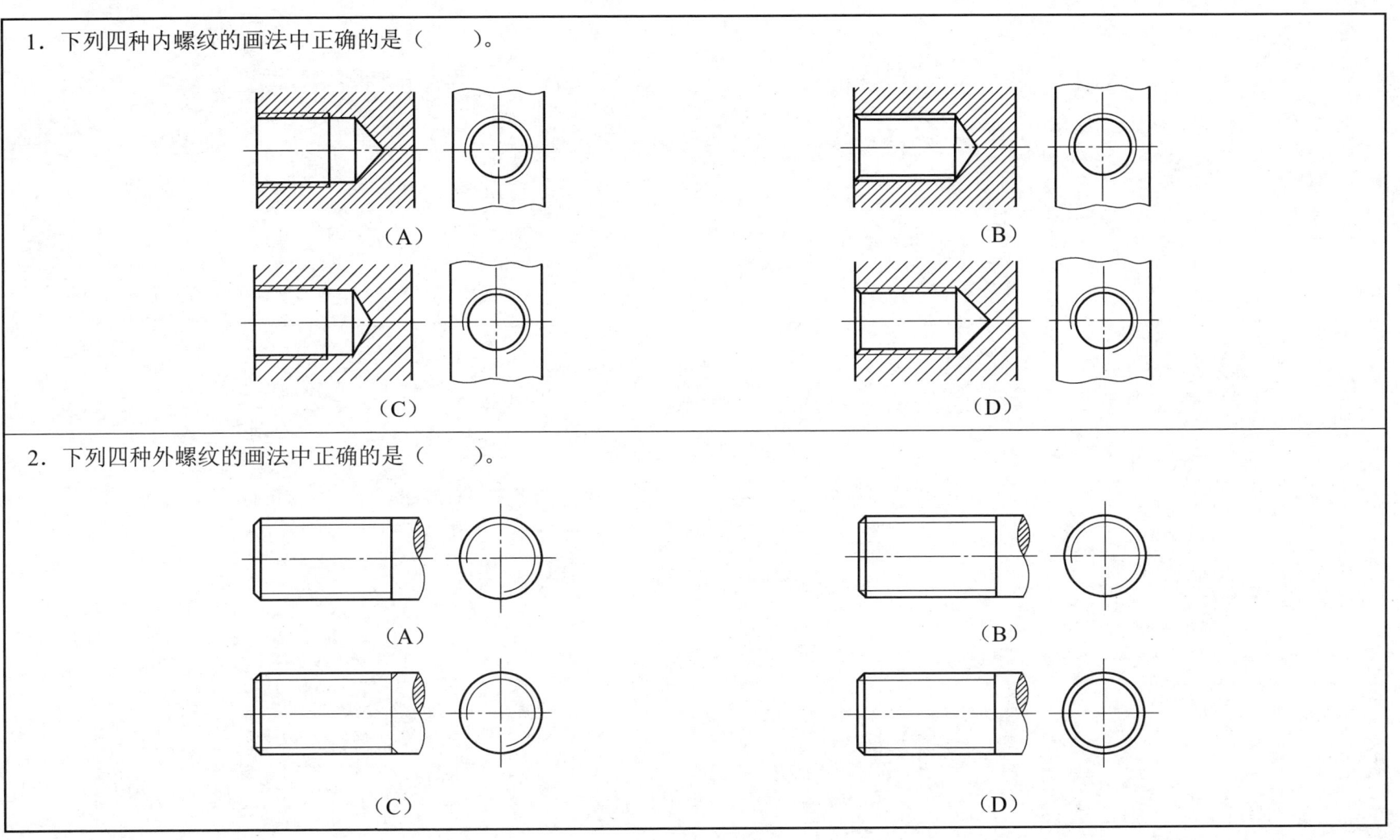

3．解释下列螺纹代号的含义。

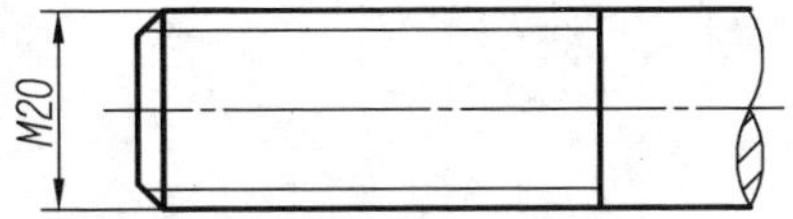

M：________________________；

20：________________________。

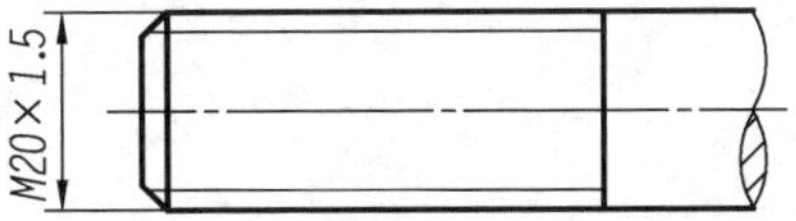

M：________________________；

20：________________________；

1.5：________________________。

4．补画下图中螺纹连接漏画的图线，并按 1∶1 的比例标注螺纹尺寸。

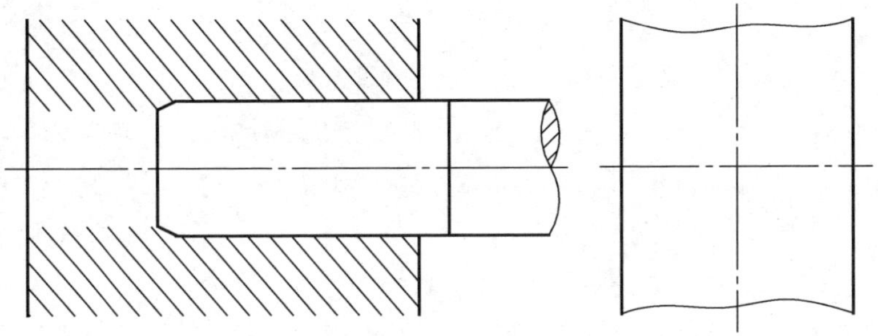

5．根据给定的螺纹要素，在图中完成螺纹标注。

（1）粗牙普通螺纹，大径 30 mm，螺距 3.5 mm，单线，中径和大径公差带代号均为 6g，中等旋合长度，右旋。

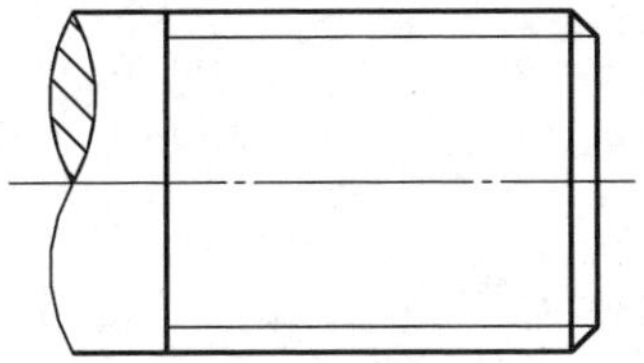

（2）细牙普通螺纹，大径 30 mm，螺距 1.5 mm，单线，中径和小径公差带代号均为 5H，短旋合长度，左旋。

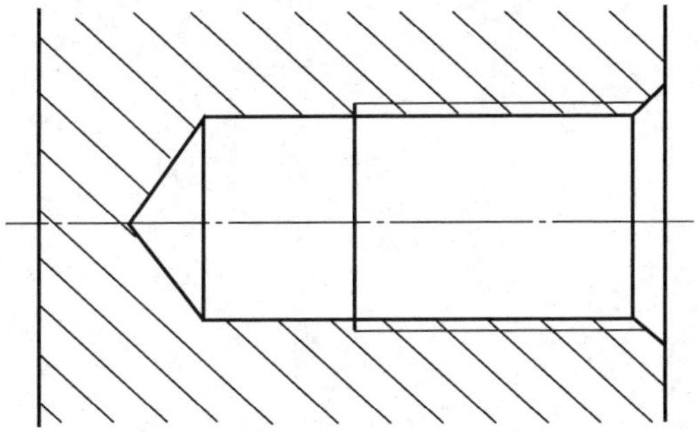

班　级____________　学　号____________　姓　名____________

6. 学习螺纹标记的含义及相关规定，完成下表（部分内容需要查阅相关国家标准）。

螺纹标记	项目							公差带代号		旋合长度	旋向
	螺纹类型	内、外螺纹	大径	小径	螺距	导程	线数	中径	顶径		
M24-6g-S											
M20×1.5-6h											
M16×Ph3P1.5											
M20×Ph3P1.5-5g6g-LH											
G3/4-LH											
Tr44×14P7-8H											

7. 找出下列螺纹标注的错误并改正。

（1）粗牙普通外螺纹。

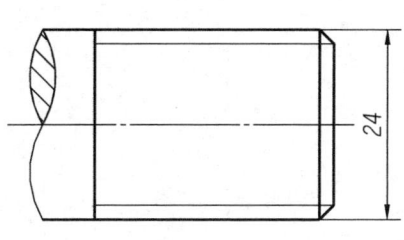

（2）粗牙普通内螺纹。

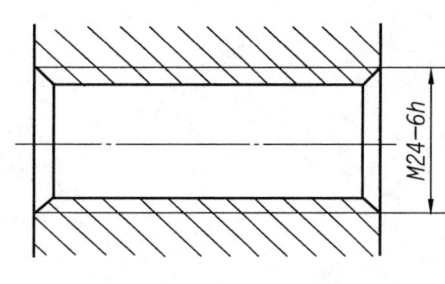

（3）55°非密封管螺纹。

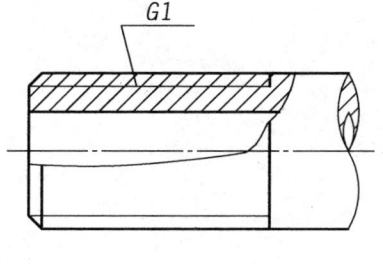

5-2 螺纹紧固件及其连接的画法

1. 填写下列螺纹紧固件简化的规定标记。

（1）六角头螺栓 GB/T 5782—2016。

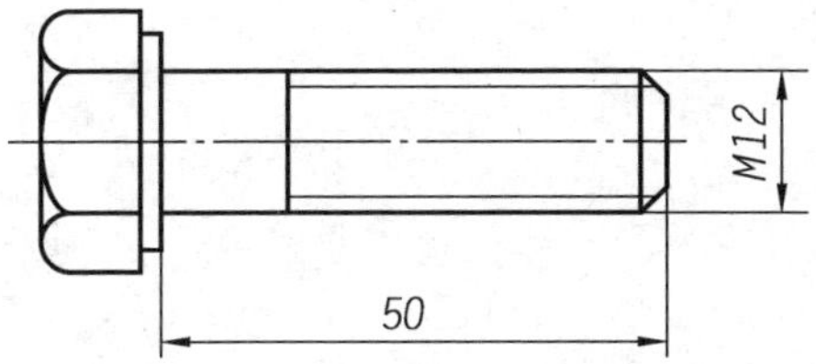

规定标记：_____

（2）开槽沉头螺钉 GB/T 68—2016。

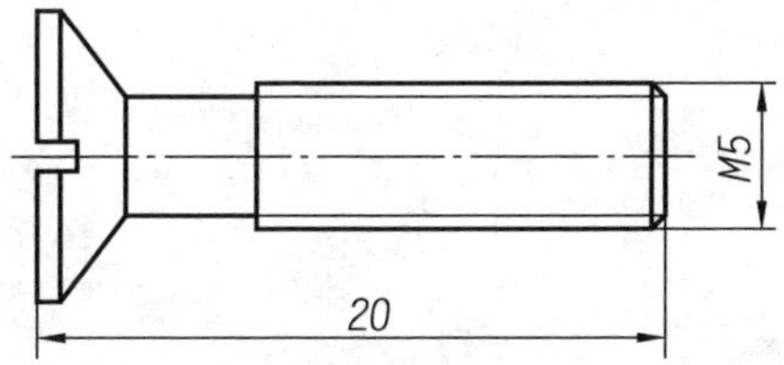

规定标记：_____

（3）平垫圈 GB/T 97.1—2002。

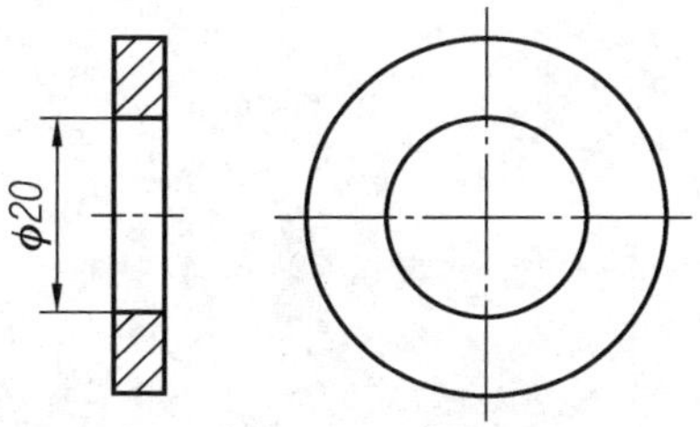

规定标记：_____

2. 完成螺栓连接图（螺栓 GB/T 5782 M12×55，垫圈 GB/T 97.1 12）。

3. 完成双头螺柱连接图（螺柱 GB/T 899 M16×35，垫圈 GB/T 93 16）。

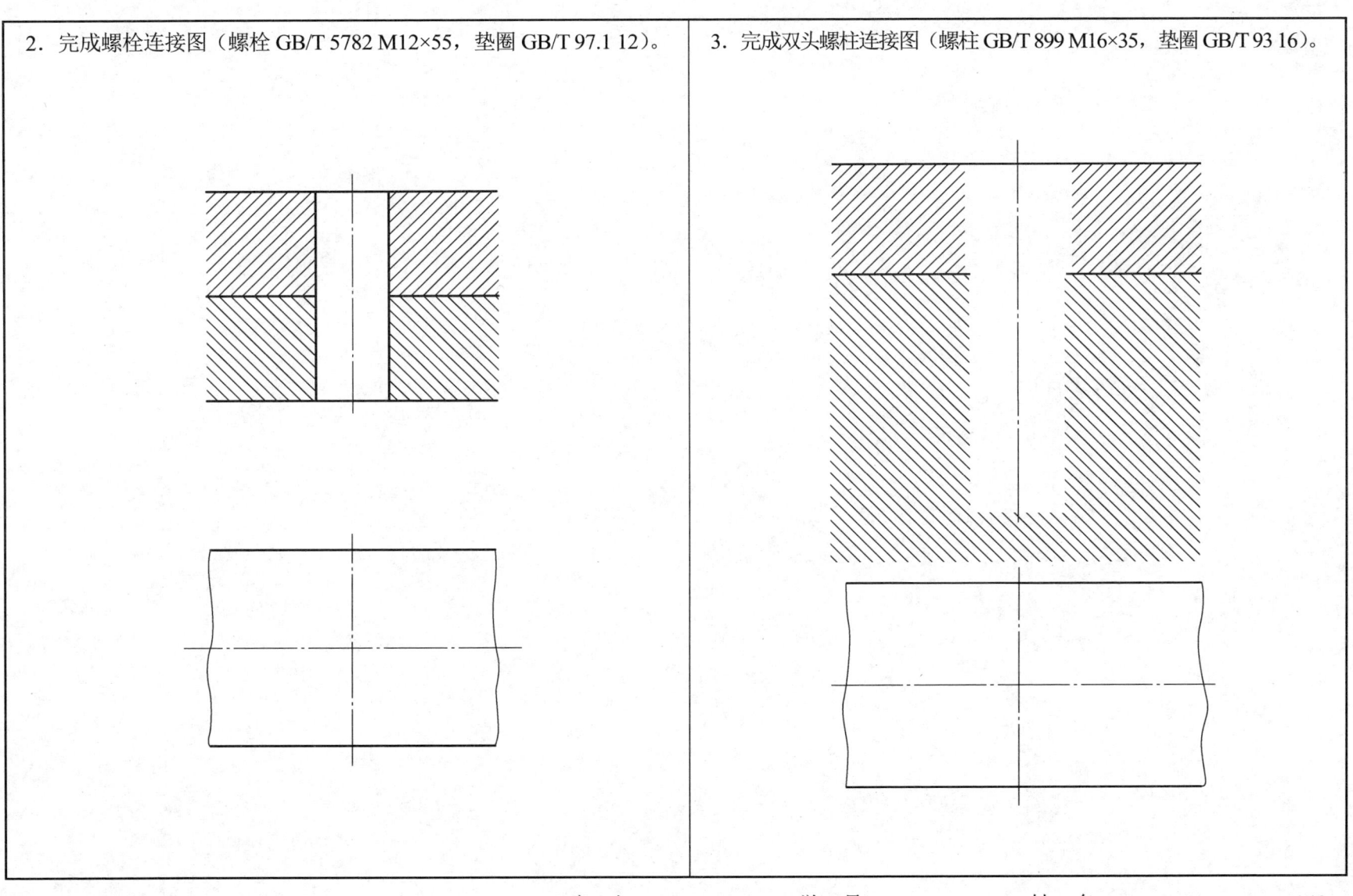

5-3 齿轮的画法

1. 标记出图中齿轮的齿顶圆、分度圆和齿根圆,并在表中写出图中各符号所代表的几何要素名称。

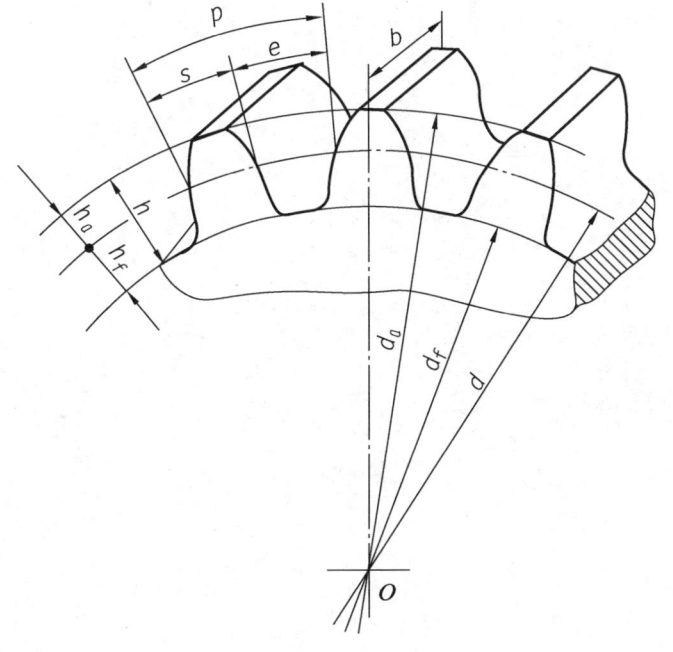

符号	几何要素名称
d	
d_a	
d_f	
h	
h_a	
h_f	
p	
s	
e	
b	

2. 已知直齿圆柱齿轮模数 $m = 4$ mm，齿数 $z = 36$，齿轮端部倒角为 $C2$，补画齿轮各视图（比例取 1∶2），计算齿轮基本参数并填入表内。

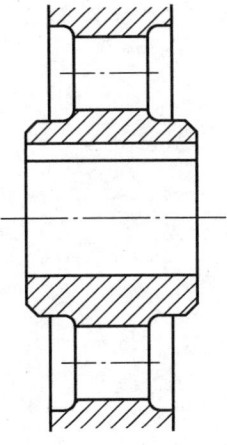
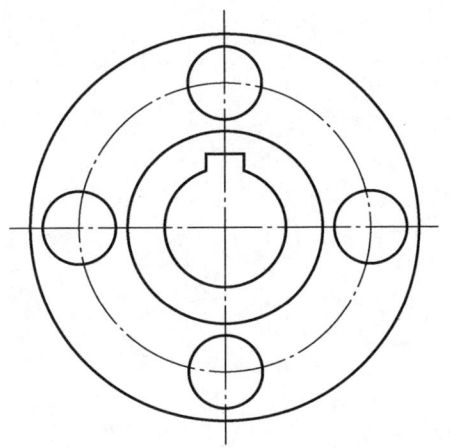

齿轮基本参数	值/mm
分度圆直径 d	
齿顶圆直径 d_a	
齿根圆直径 d_f	
齿顶高 h_a	
齿根高 h_f	

3. 补画直齿圆柱齿轮啮合时主视图中的漏线。

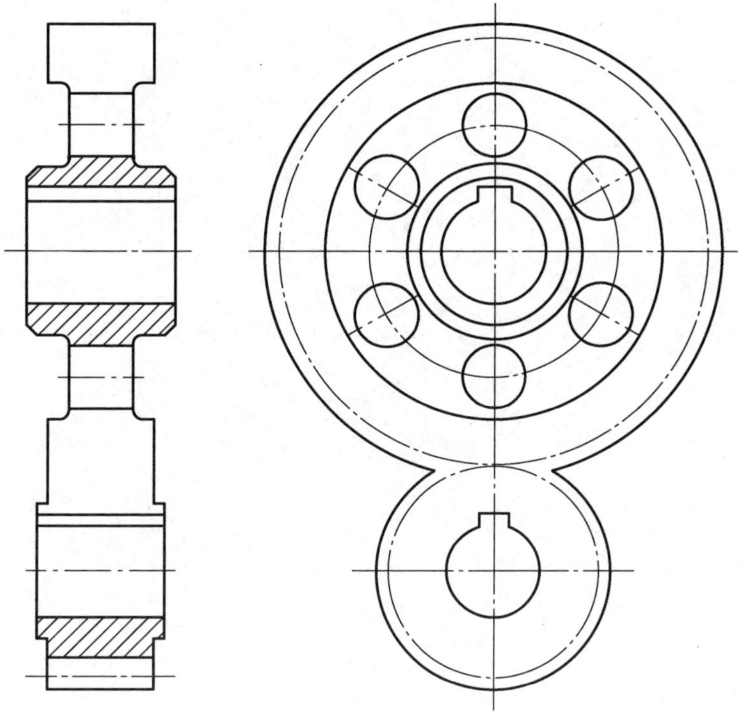

5-4 键连接与销连接的画法

1. 量取图中轴和齿轮上键槽的尺寸，确定各部分尺寸并进行标注。

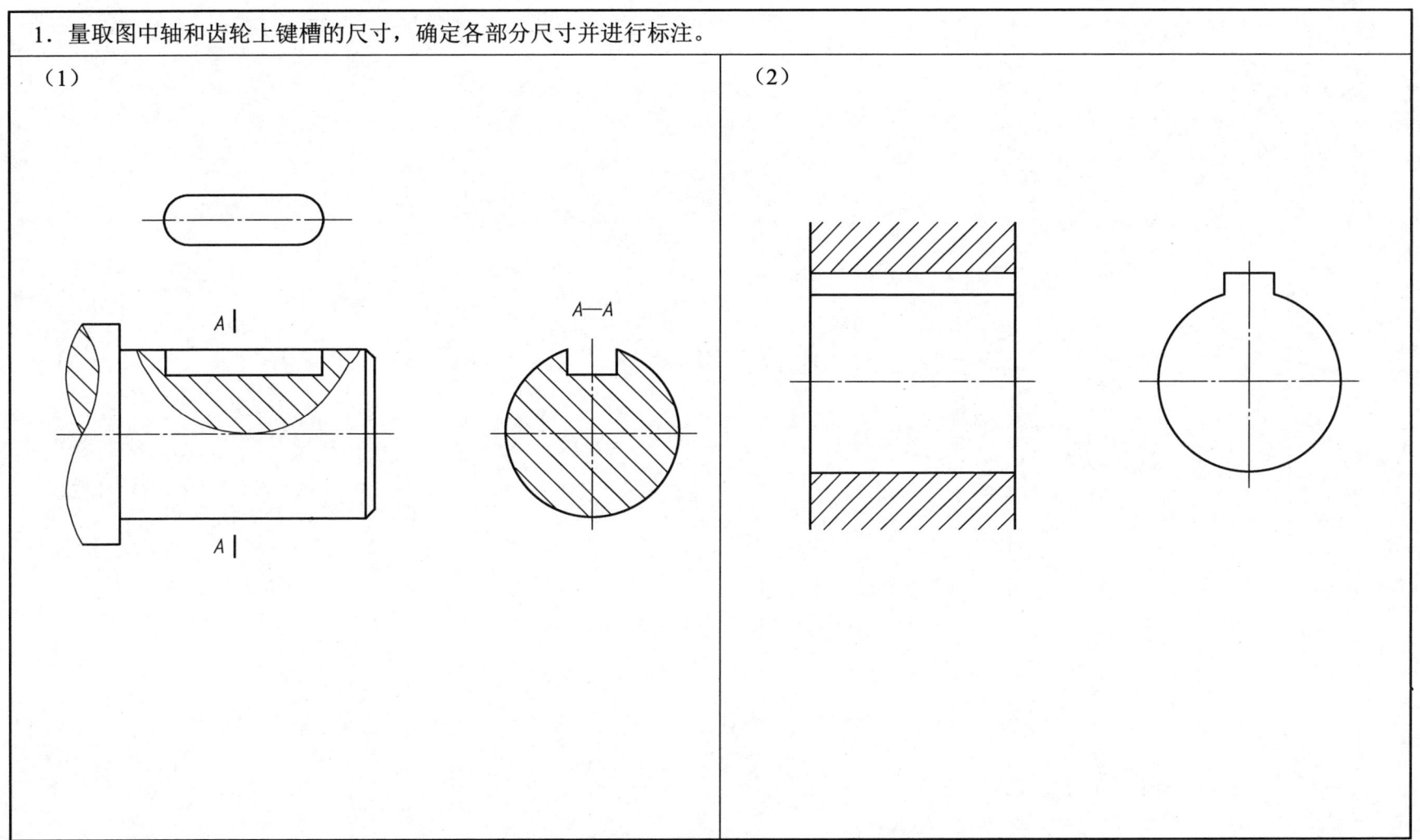

2. 已知齿轮和轴之间用 A 型平键连接，轴头的直径为 32 mm，键长为 25 mm，写出键的规定标记，然后查阅相关标准按 1∶1 的比例补画键连接的视图。

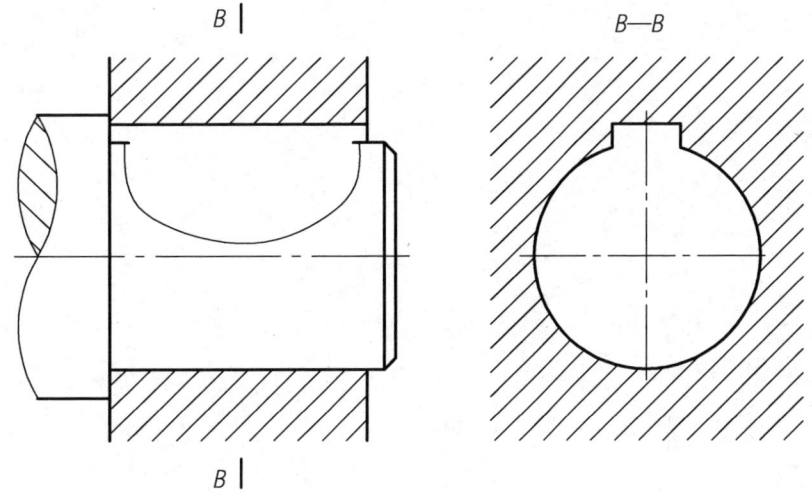

规定标记：_____

3. 齿轮和轴之间用直径为 10 mm、长为 56 mm 的圆柱销连接，写出圆柱销的规定标记并补画销连接的视图。

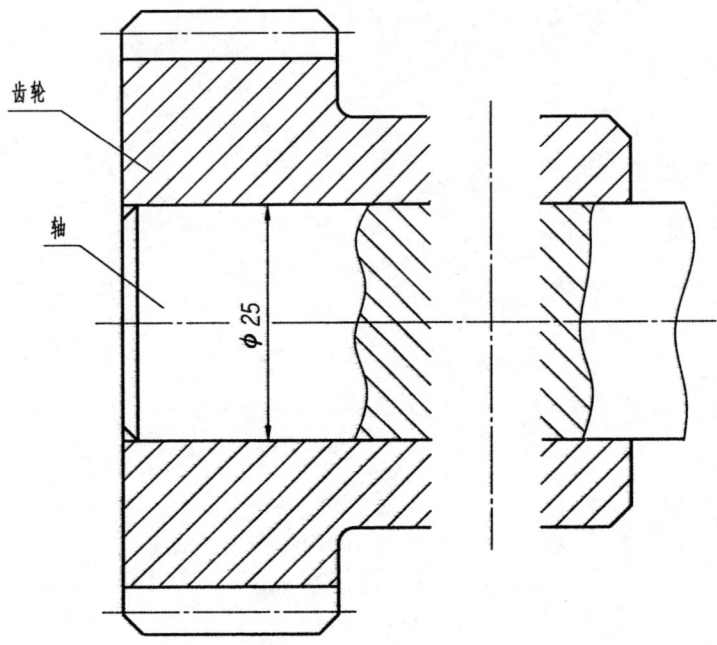

规定标记：_____

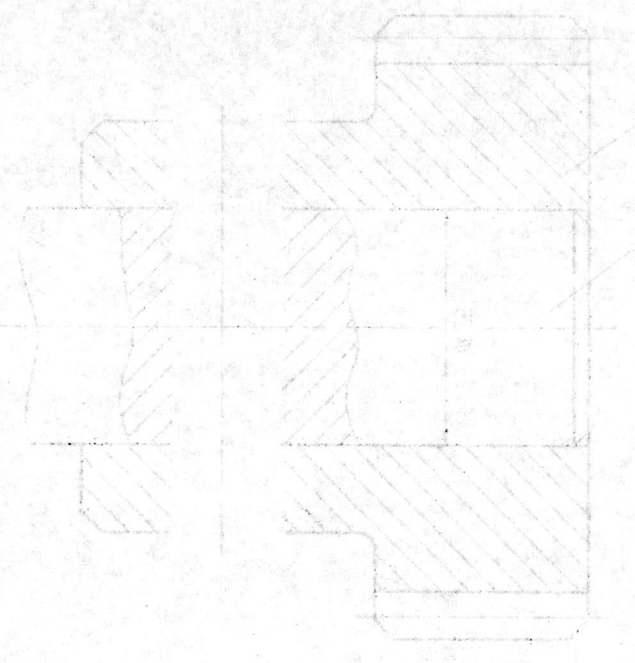

5-5 滚动轴承的画法

已知阶梯轴两端支承轴颈处的直径分别为 30 mm 和 20 mm，按照规定画法以 1∶1 的比例在 ϕ30 轴段处绘制深沟球轴承 6206，在 ϕ20 轴段处绘制圆锥滚子轴承 32204（轴承的具体尺寸可参照相关国家标准）。

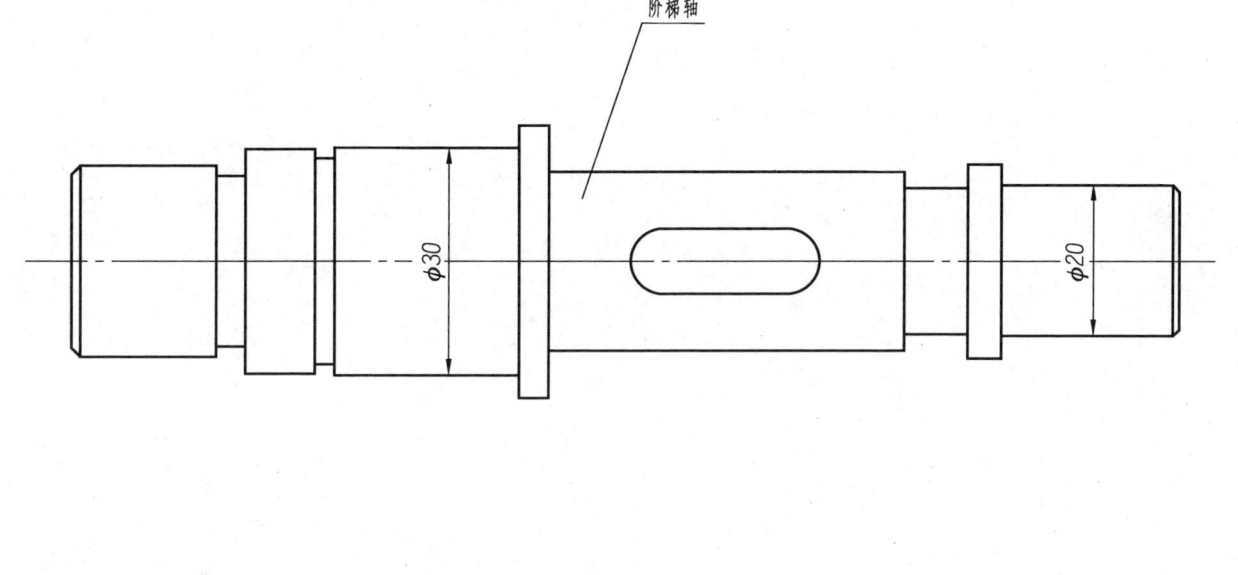

5-6 弹簧的画法

已知圆柱螺旋压缩弹簧的材料直径 $d = 4$ mm，弹簧中径 $D = 40$ mm，节距 $t = 10$ mm，自由高度 $H_0 = 80$ mm，支承圈数为 2.5 圈，右旋，请用 1∶1 的比例作出该弹簧的全剖视图。

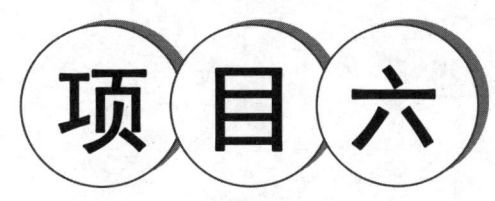

项目六

零件图与装配图的画法和识读

6-1 零件图的内容

请将正确答案填写在题中的横线上。

（1）一张完整的零件图应包括_____、_____、_____、_____。

（2）零件图中主视图的选择原则有_____原则、_____原则和_____原则。

（3）当主视图确定后，应运用_____法对零件的各个组成部分逐一进行分析。

（4）在零件图的尺寸基准中，_____基准用于确定零件在机器中的位置，_____基准用于确定零件在加工测量时相对于机床、刀具、夹具或量具的位置。

（5）对于轴套类、轮盘盖等以切削加工为主的零件，主要尺寸基准通常有_____和_____两种。

（6）零件的表面结构是_____、_____、_____、_____及_____等的总称。

（7）表面粗糙度的参数有_____和_____两种。

（8）孔和轴的上极限偏差代号分别用_____和_____表示，孔和轴的下极限偏差代号分别用_____和_____表示。

（9）标准公差共分_____级。公差带代号由_____和_____组成。

（10）根据孔和轴公差带之间关系的不同，配合可分为_____、_____和_____三种。

（11）在$\phi 30H7/n6$配合中，查表得$\phi 30H7\,(^{+0.021}_{0})$、$\phi 30n6\,(^{+0.028}_{+0.015})$，其配合是_____配合。

（12）几何公差包括_____、_____、_____和_____四种。

（13）几何公差项目中，形状公差包括直线度、_____、_____、_____、_____和面轮廓度。

（14）有一轴的公称尺寸为$\phi 60$，公差带代号为h7，查表可得，其上极限偏差为_____，下极限偏差为_____，则其公差值为_____，在零件图上应注写成_____。

（15）有一孔的公称尺寸为$\phi 53$，公差带代号为G7，查表可得，其上极限偏差为_____，下极限偏差为_____，则其公差值为_____，在零件图上应注写成_____。

6-2　零件图的视图选择

参照零件的立体图，选择合适的视图并绘制其三视图（比例自定，尺寸可直接在立体图上量取）。

班级_____　学　号_____　姓　名_____

6-3　零件图的尺寸注法

1. 指出零件长、宽、高方向上的主要尺寸基准。

2. 在尺寸标注合理的方案下画"√"，不合理的方案下画"×"。

3. 在图（a）错误的尺寸标注上画"×"，然后在图（b）重新标注尺寸（尺寸可按1∶1的比例直接在图上量取）。

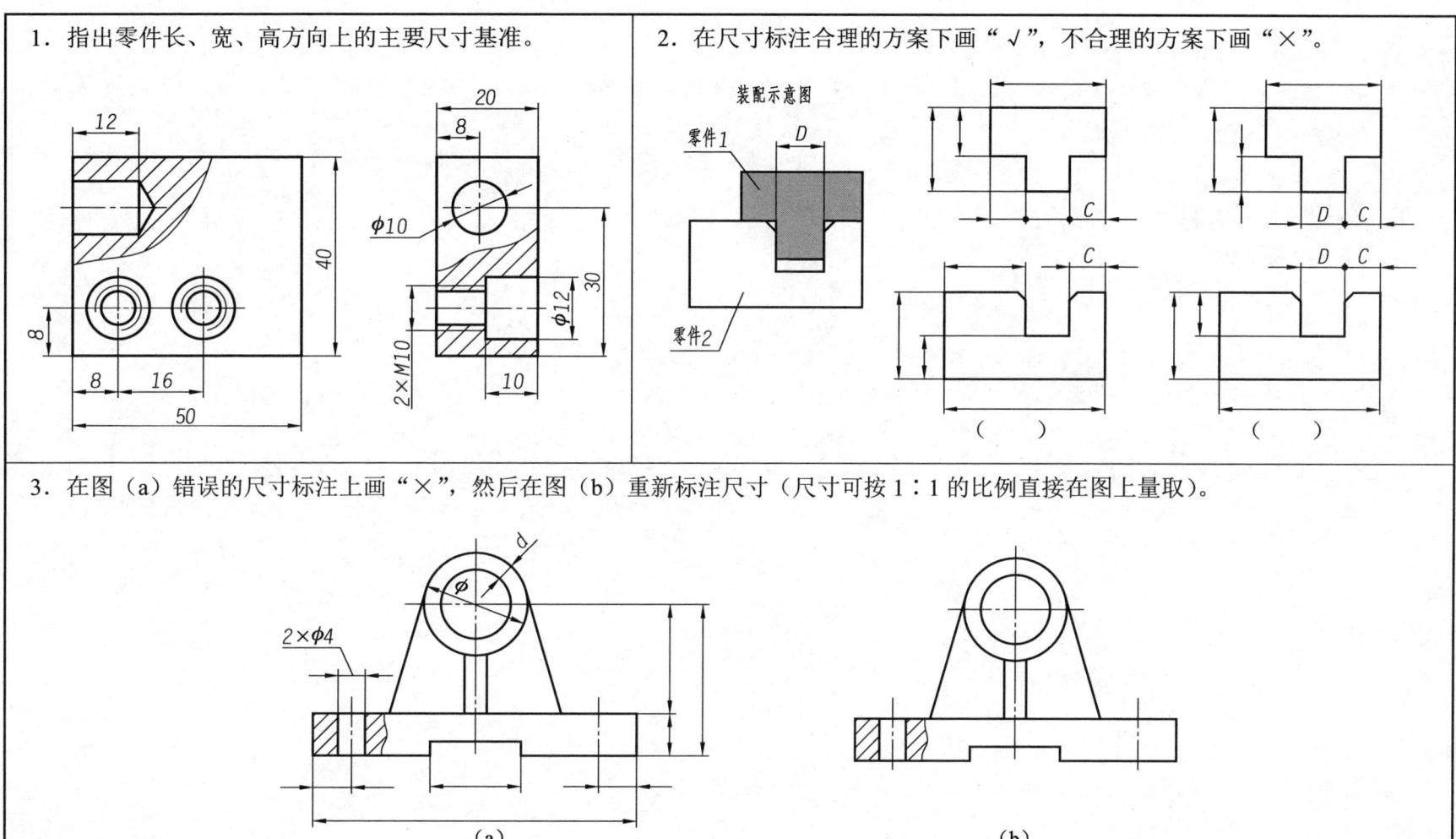

4. 读零件图，指出其长度、宽度、高度三个方向的主要尺寸基准，并画出B向视图。

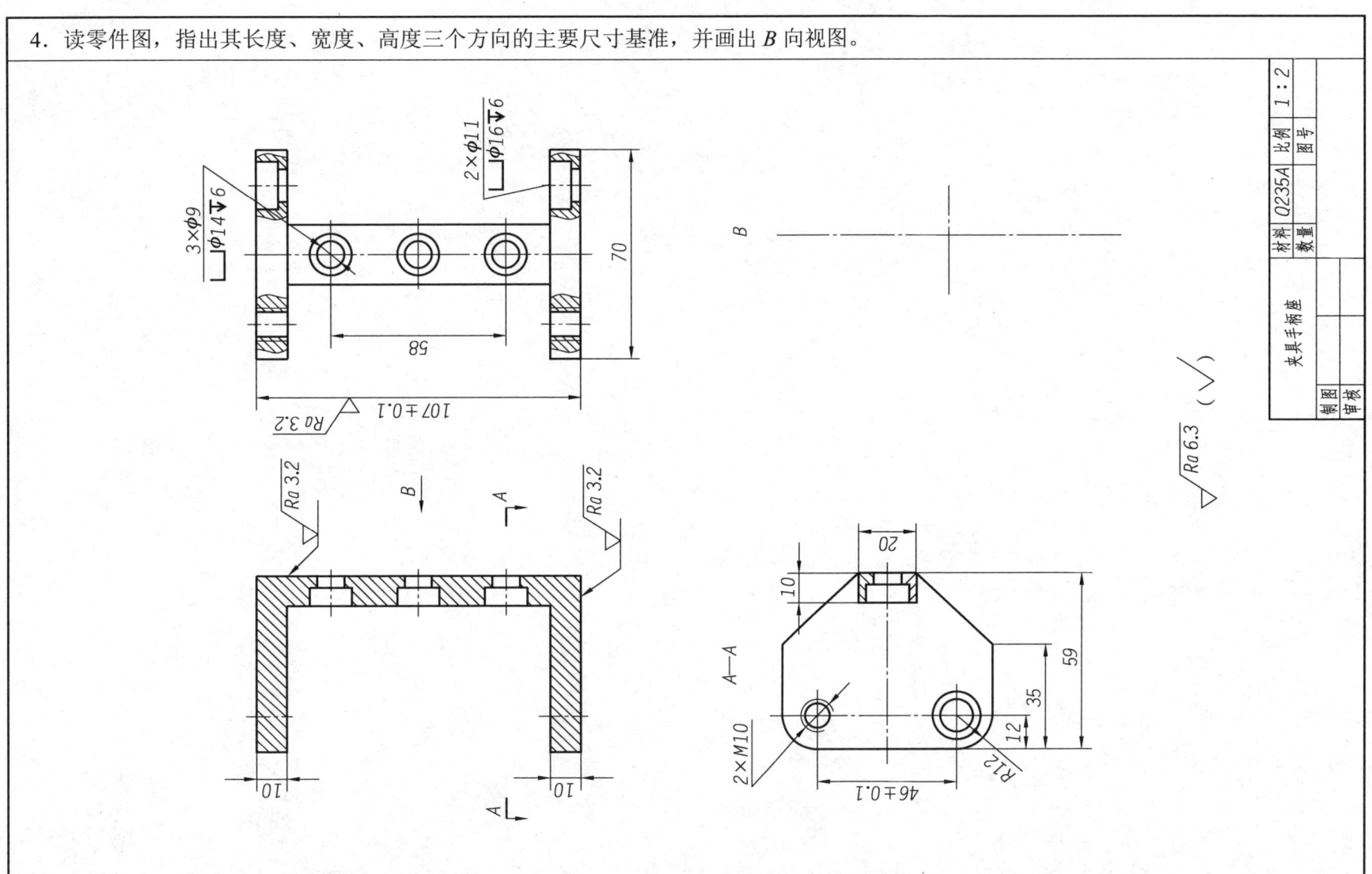

6-4 零件图的技术要求

1. 根据下图中的尺寸标注填写表格（只填数值，单位为mm）。

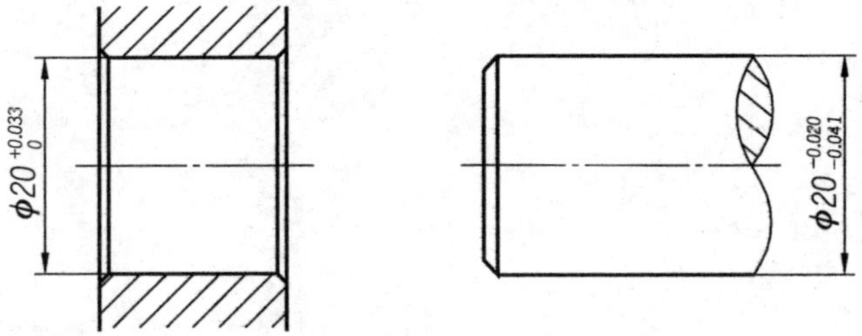

名　称	孔	轴
公称尺寸		
上极限尺寸		
下极限尺寸		
上极限偏差		
下极限偏差		
公差		

孔：$\phi 20^{+0.033}_{0}$　　轴：$\phi 20^{-0.020}_{-0.041}$

2. 根据孔、轴的极限偏差判断其配合类型，画出其公差带图（孔画剖面线、轴涂色、长度相等），然后计算出最大间隙（或最小过盈）、最小间隙（或最大过盈），单位为mm。

（1）

孔：$\phi 85^{+0.087}_{0}$

轴：$\phi 85^{-0.120}_{-0.207}$

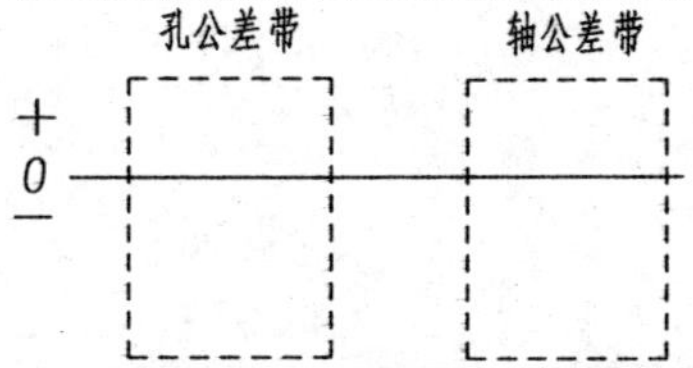

（　　）配合

最大间隙（或最小过盈）＝

最小间隙（或最大过盈）＝

（2）

孔：$\phi 50^{+0.025}_{0}$

轴：$\phi 50^{+0.018}_{+0.002}$

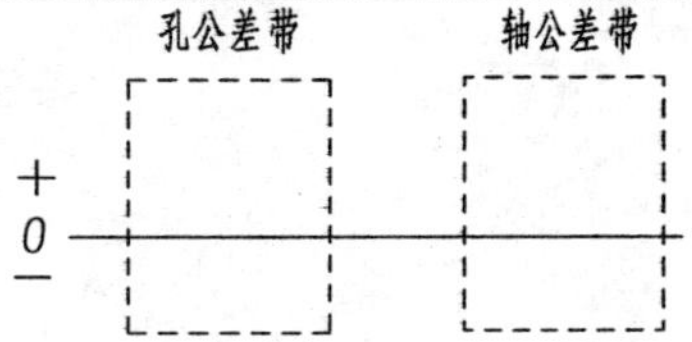

（　　）配合

最大间隙（或最小过盈）＝

最小间隙（或最大过盈）＝

（3）

孔：$\phi 120^{-0.058}_{-0.093}$

轴：$\phi 120^{\ 0}_{-0.022}$

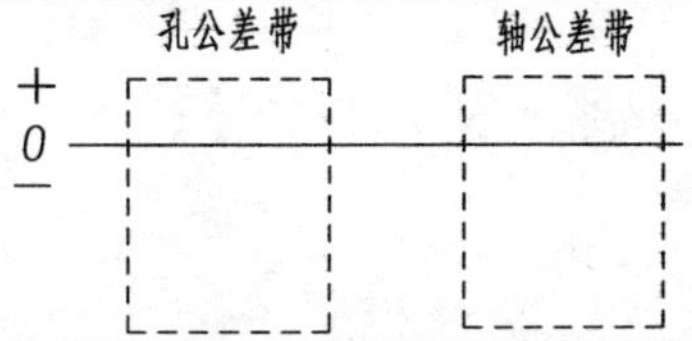

（　　）配合

最大间隙（或最小过盈）＝

最小间隙（或最大过盈）＝

班级＿＿＿＿　学号＿＿＿＿　姓名＿＿＿＿

3. 按表面结构要求标注各零件的表面粗糙度。

（1）表面结构要求：ϕ24 孔表面为 Ra 3.2 μm，ϕ9 孔表面为 Ra 25 μm，底面为 Ra 12.5 μm，其余表面为毛坯面（不加工）。

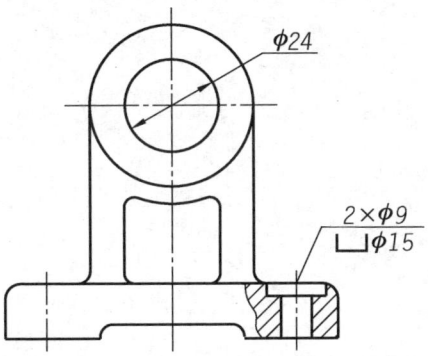

（2）表面结构要求：ϕ30 圆柱面为 Ra 3.2 μm，ϕ10 孔表面为 Ra 6.3 μm，其余表面为 Ra 12.5 μm。

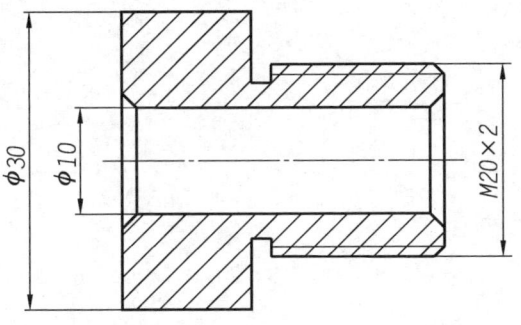

（3）表面结构要求：

① ϕ20、ϕ18 圆柱面为 Ra 1.6 μm；
② M16 螺纹工作表面为 Ra 1.6 μm；
③ 锥销孔内表面为 Ra 3.2 μm；
④ 键槽两侧面为 Ra 3.2 μm；
⑤ 其余表面为 Ra 12.5 μm。

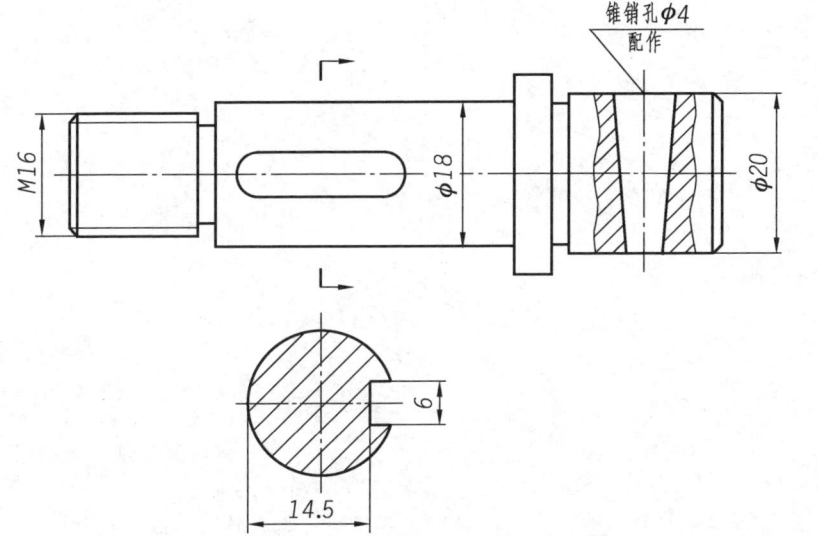

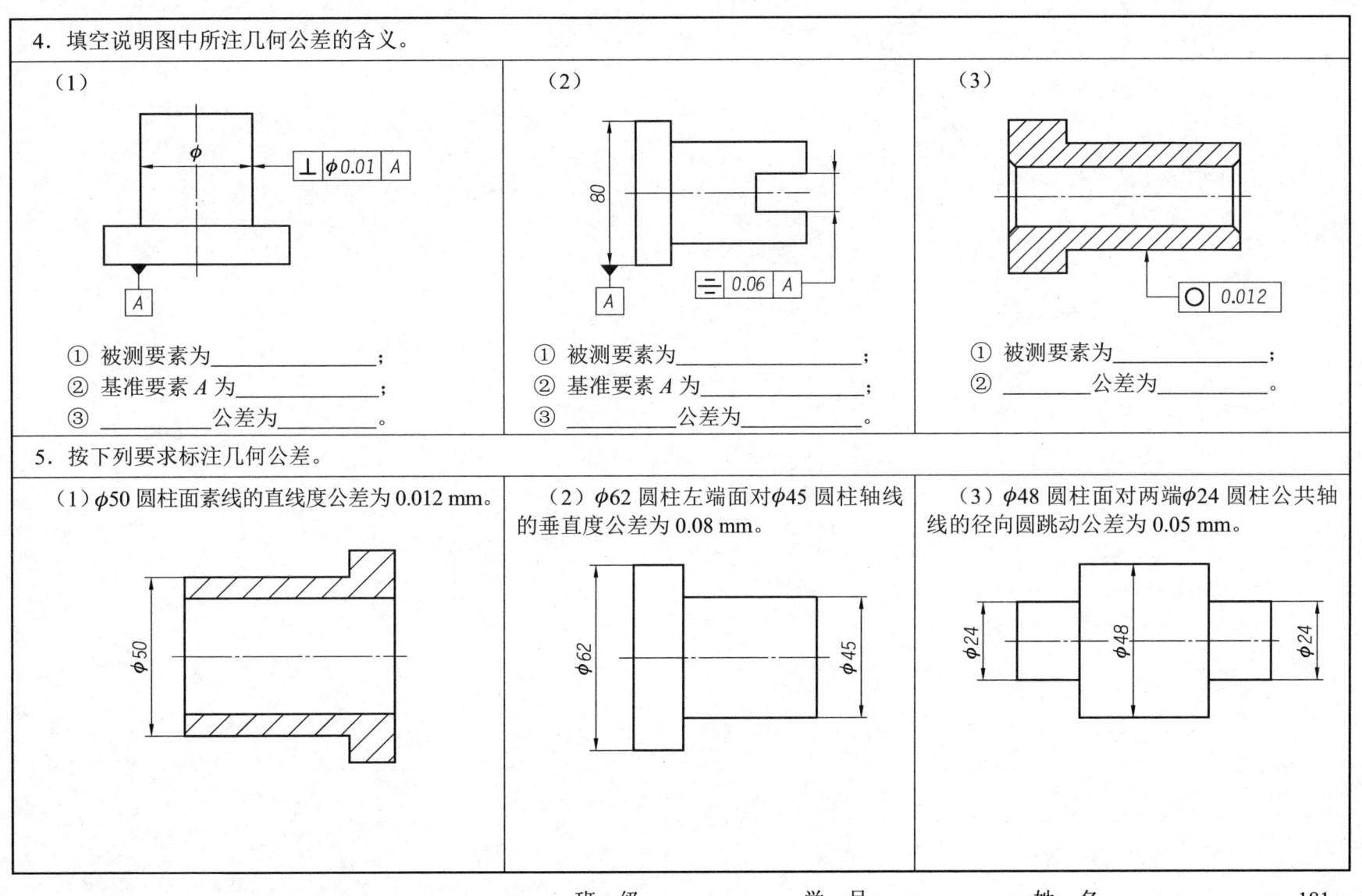

6. 已知 $\phi 60H6$ 的上极限偏差为 +0.019，$\phi 60n5 \binom{+0.033}{+0.020}$，在图中分别标注出孔和轴的公称尺寸、公差带代号及极限偏差，并填空。

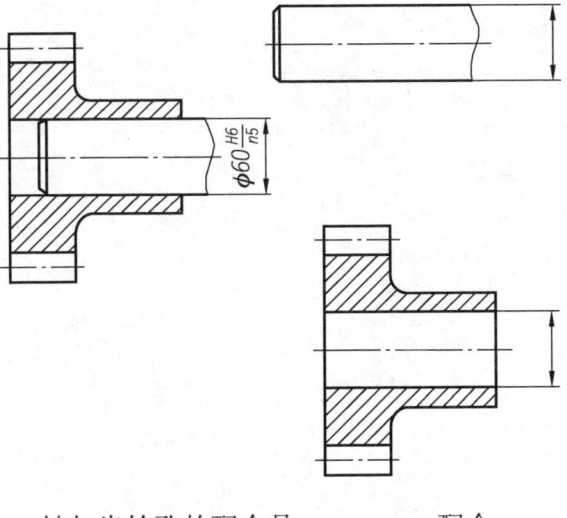

轴与齿轮孔的配合是_____配合。

7. 根据给定图形，分别标注出孔和轴的公称尺寸，并通过查表标注出它们的极限偏差。

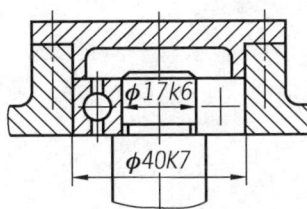

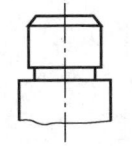

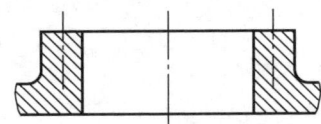

6-5 零件图的识读

1. 识读轴零件图并完成填空。

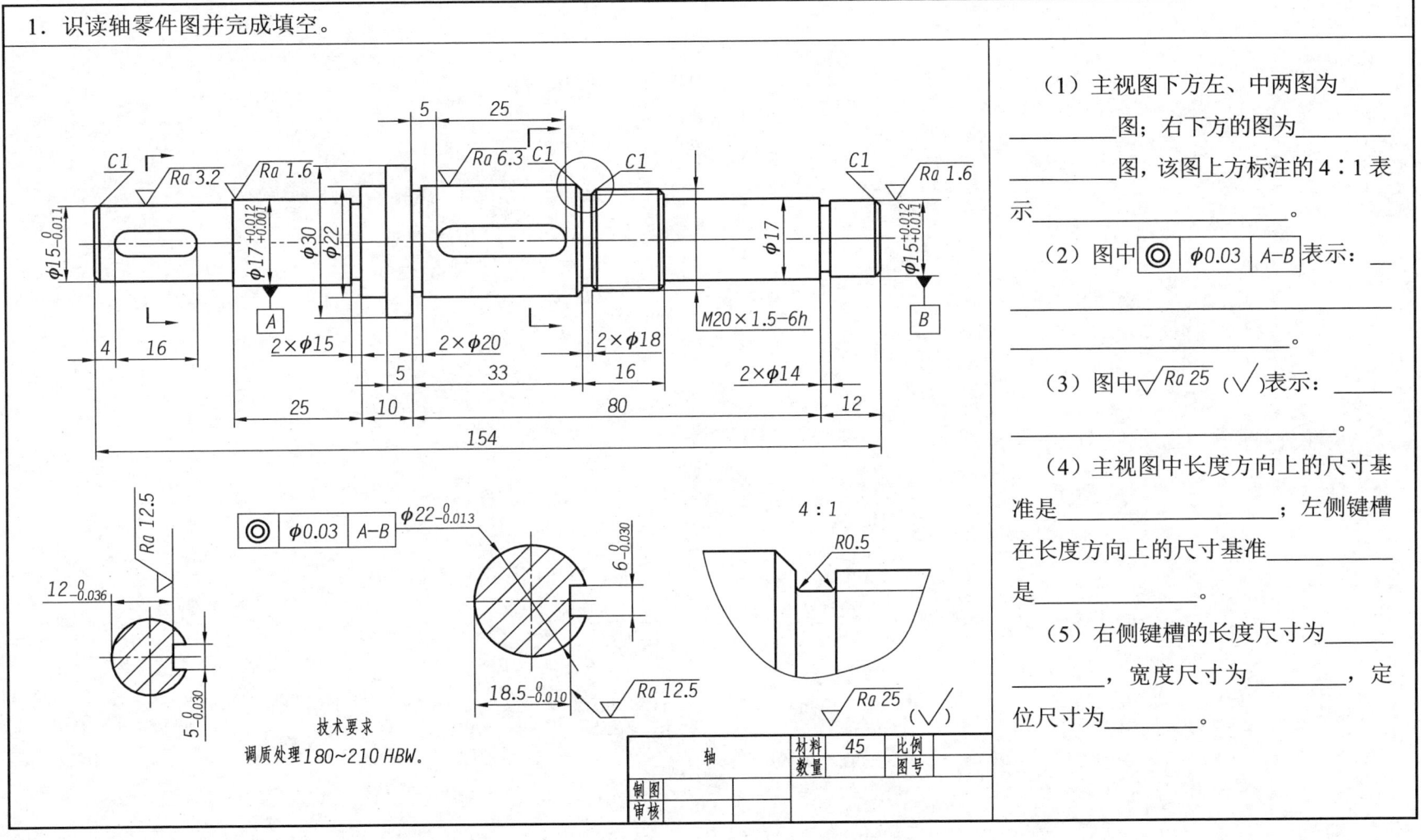

（1）主视图下方左、中两图为_____图；右下方的图为_____图，该图上方标注的4∶1表示_____。

（2）图中 ⌀0.03 A-B 表示：_____。

（3）图中 Ra 25 (√) 表示：_____。

（4）主视图中长度方向上的尺寸基准是_____；左侧键槽在长度方向上的尺寸基准是_____。

（5）右侧键槽的长度尺寸为_____，宽度尺寸为_____，定位尺寸为_____。

2. 识读端盖零件图并完成填空。

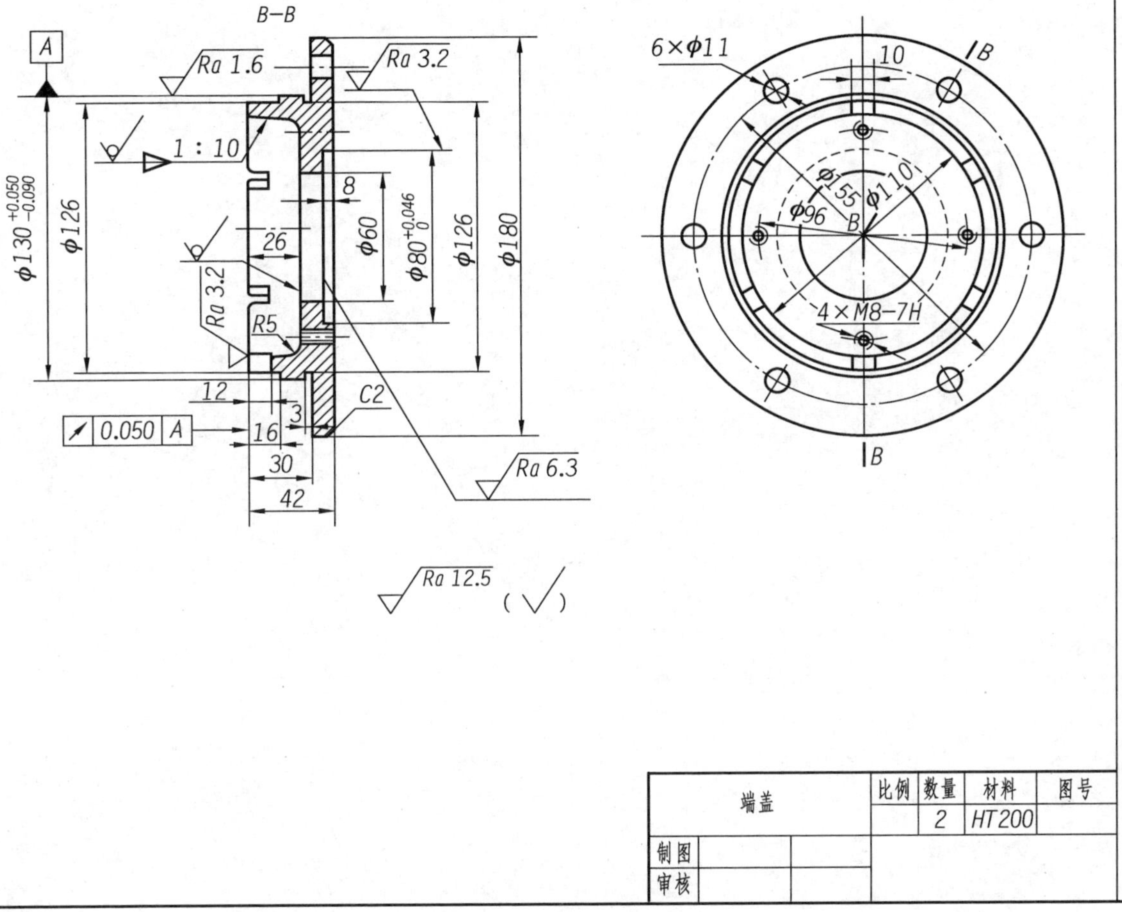

（1）主视图采用了_____剖的剖视图。
（2）端盖上有_____个槽，宽度为_____，深度为_____。
（3）端盖的周围有_____个圆孔，直径为_____，定位尺寸为_____。
（4）零件表面要求最高的表面粗糙度代号为_____，要求最低的表面粗糙度代号为_____。
（5）$\phi 80$ 孔的上极限偏差为_____，下极限偏差为_____，基本偏差代号为_____，公差等级为_____。
（6）$\phi 130$ 轴的上极限偏差为_____，下极限偏差为_____，公差值是_____，该孔的上极限尺寸是_____，下极限尺寸是_____。
（7）图中 ⌀ 0.050 A 表示：测量要素是_____，基准要素是_____，公差项目为_____，公差值为_____。

3. 识读叉架零件图并完成填空。

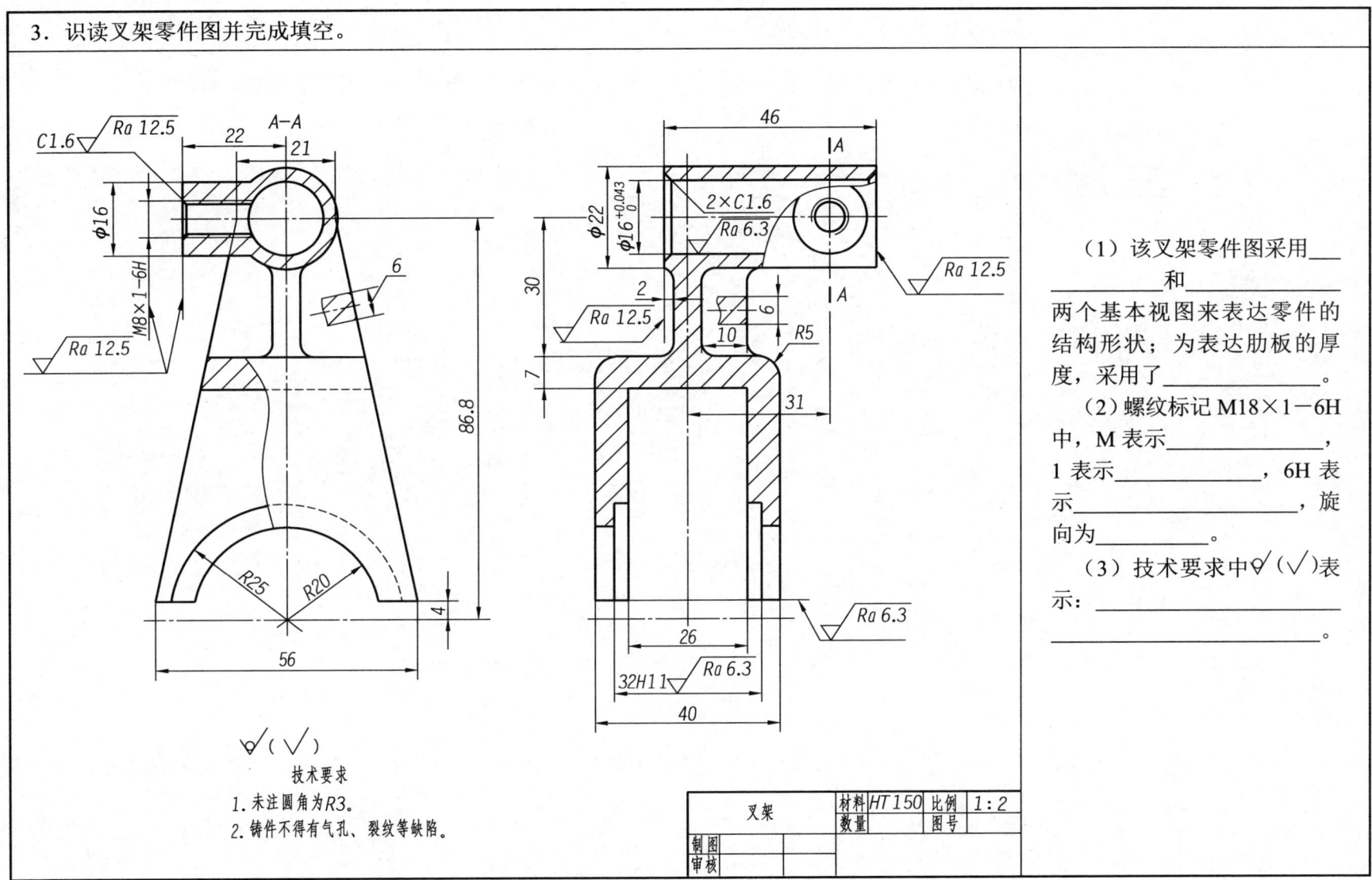

（1）该叉架零件图采用_____和_____两个基本视图来表达零件的结构形状；为表达肋板的厚度，采用了_____。

（2）螺纹标记 M18×1－6H 中，M 表示_____，1 表示_____，6H 表示_____，旋向为_____。

（3）技术要求中 ∀(√) 表示：_____。

4. 识读连杆零件图，在图中指出零件长度、宽度、高度方向上的主要尺寸基准，并完成填空。

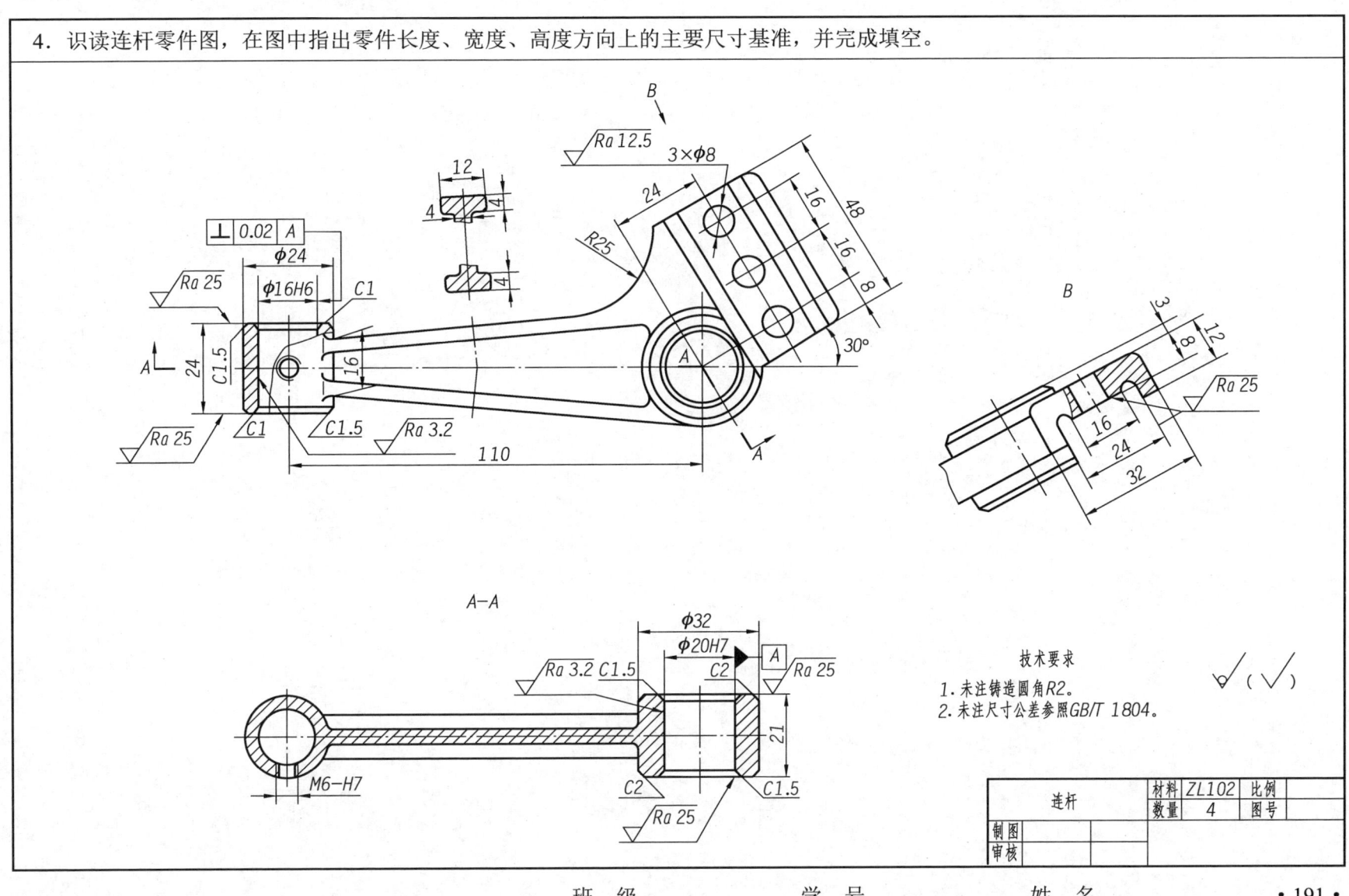

（1）零件名称为_____，零件材料为_____，根据零件名称及结构形状，此零件属于_____零件。

（2）零件用_____个视图来表达其结构，它们是_____、_____、_____、_____。

（3）零件左端外圈直径为_____，高为_____，内孔直径为_____，孔表面粗糙度 Ra 的值为_____，左端螺纹孔大径为_____。

（4）零件右端内孔直径为_____，孔表面粗糙度 Ra 的值为_____，外圆直径为_____，长为_____。

（5）零件右上部分长为_____，宽为_____，有_____个孔，直径为_____。

（6）连杆左右两端孔的轴线相互_____，垂直度公差为_____，被测要素是_____的轴线，基准要素是_____的轴线。

6-6 零件测绘

1. 根据图中所示尺寸，在 A4 纸上选择合适的比例和图幅，绘制轴承盖零件图并进行标注。

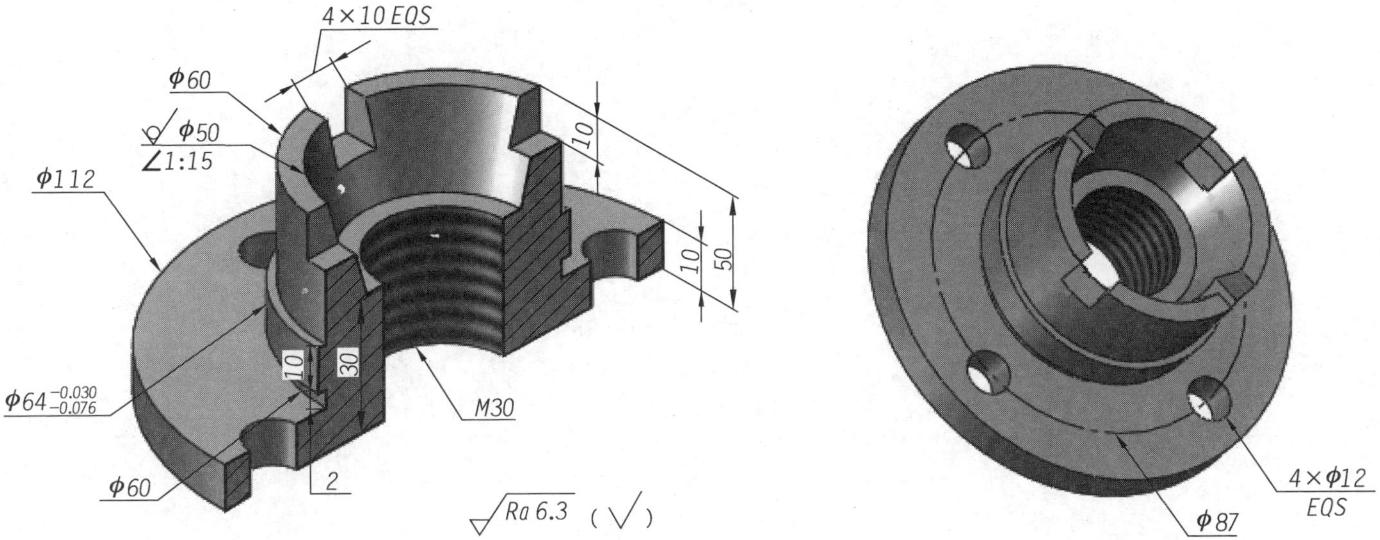

4×10 EQS
φ60
φ50
1:15
φ112
10
50
10
φ64 $_{-0.076}^{-0.030}$
10
30
M30
φ60
2
$\sqrt{Ra\ 6.3}$ ($\sqrt{}$)

4×φ12 EQS
φ87

2. 根据图中所示尺寸，在 A4 纸上选择合适的比例和图幅，绘制阀杆零件图并进行标注。

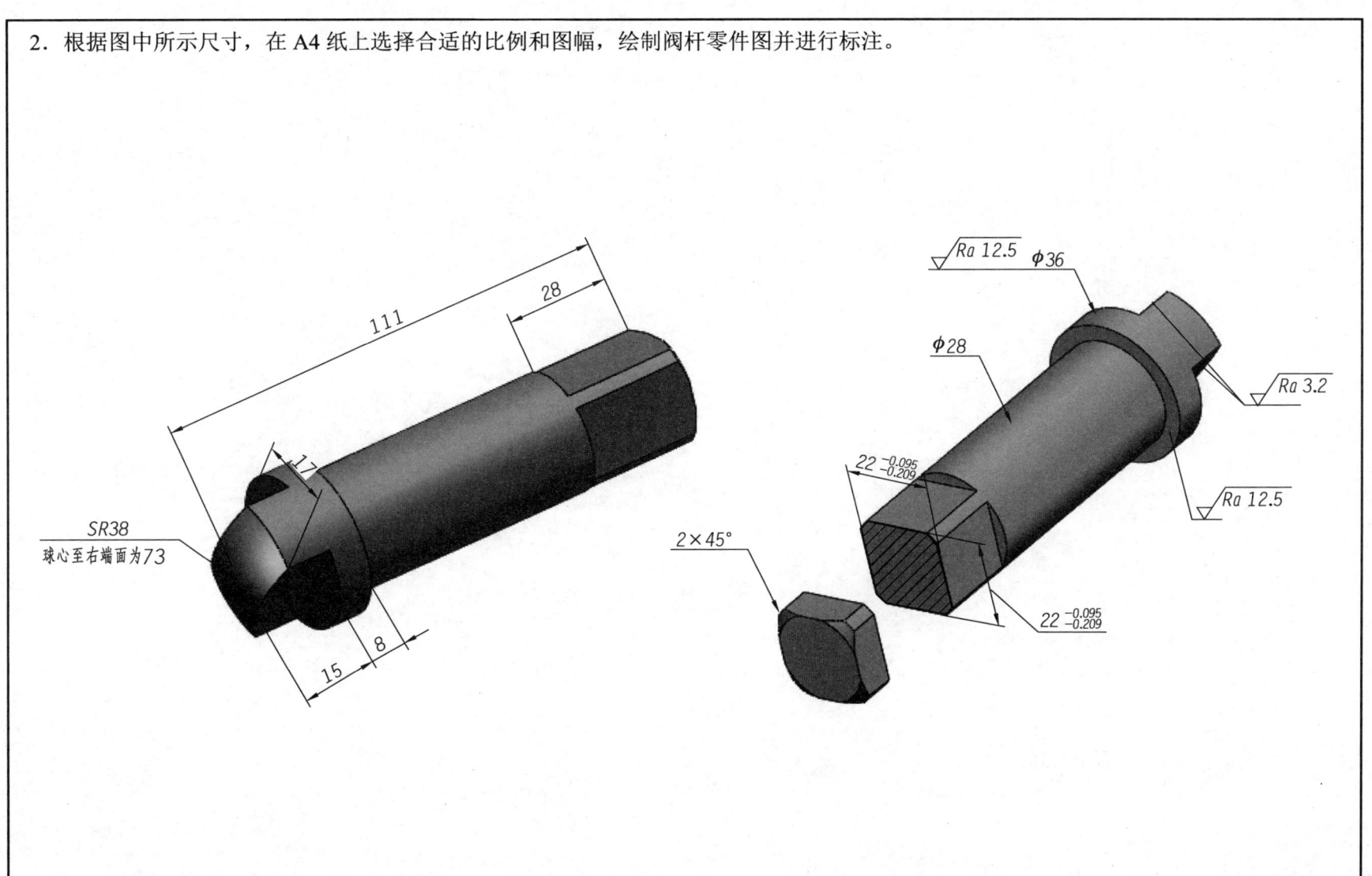

6-7 装配图的内容

1. 填空题。

（1）装配图中，相邻两零件剖面线的倾斜方向应_____，或倾斜方向一致而_____不等。

（2）各视图中，同一零件在同一图样各个视图中剖面线的倾斜方向、倾斜角度、间隔应_____。

（3）装配图中，凡是相接触、相配合的两表面，无论其间隙多大，都必须画成_____条线；凡非接触、非配合的两表面，无论其间隙多小，都必须画成_____条线。

（4）装配图中若干个相同的零部件，可仅详细地画出一个，其他只需要用_____线表示出其所在位置即可。

（5）装配图中，对于标准件、实心的球和轴等，若剖切面通过其对称平面或基本轴线，则这些零件均按_____绘制。

（6）装配图中指引线不能相交，且当其通过剖面线的区域时，指引线不应与剖面线_____；指引线可以画成折线，但只可折____次。

（7）当在所指零件的轮廓内不便画圆点时，若要标注的部分是很薄的零件或涂黑的剖面，可用_____代替小圆点并指向该部分的轮廓。

（8）装配图上一般要标出装配体的规格（性能）尺寸、外形尺寸、各零件间的_____尺寸和_____尺寸，以及其他重要尺寸。

（9）装配图中的序号，应按_____或_____方向顺次排列整齐。若在整个装配图上无法连续排列时，应尽量在每个水平或竖直方向上_____。

（10）明细栏是装配图中全部零件的详细目录，画在标题栏的_____方，明细栏中序号的填写顺序应由_____向_____，这样便于在编排序号时补充遗漏的零件。

（11）明细栏和标题栏的分界线是____实线，明细栏表头上的线为____实线，表身内部竖线均为____实线，其余横线均为____实线。

（12）为了保证孔端面和轴肩端面接触良好，应在孔边处加工出_____，或在轴肩处加工出_____。

（13）在装配图中，断面厚度在_____mm以下时，允许以涂黑的方式来代替剖面线。

（14）一张完整的装配图应该包括一组图形、_____、技术要求、_____、标题栏和_____。

班级_____ 学号_____ 姓名_____

2. 指出并改正局部装配图中的错误（补画遗漏的图线，需要修改的图线画"×"）。

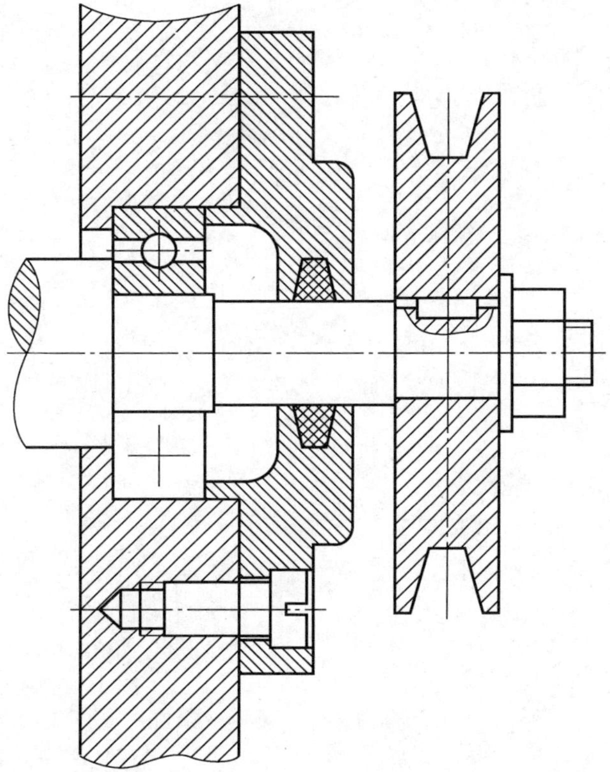

班 级_____ 学 号_____ 姓 名_____

6-8 装配图的尺寸注法和技术要求

根据装配图上的尺寸，分别在零件图上标注出相应的公称尺寸和极限偏差，并解释配合代号的含义。

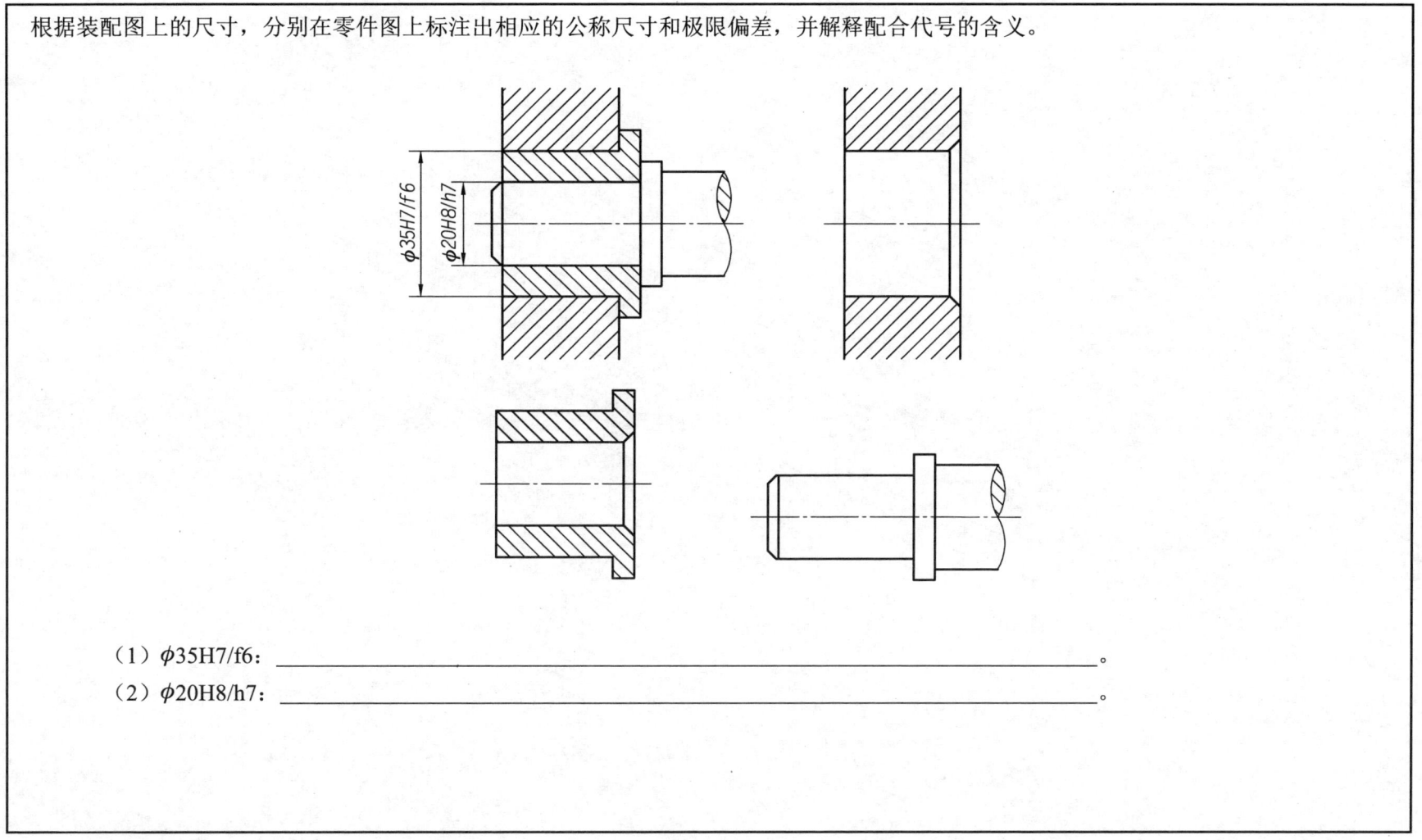

（1）ϕ35H7/f6：_____。

（2）ϕ20H8/h7：_____。

6-9 装配图的识读

1. 结合浮动支承油缸立体图和装配图分析其工作原理，然后填空并回答问题。

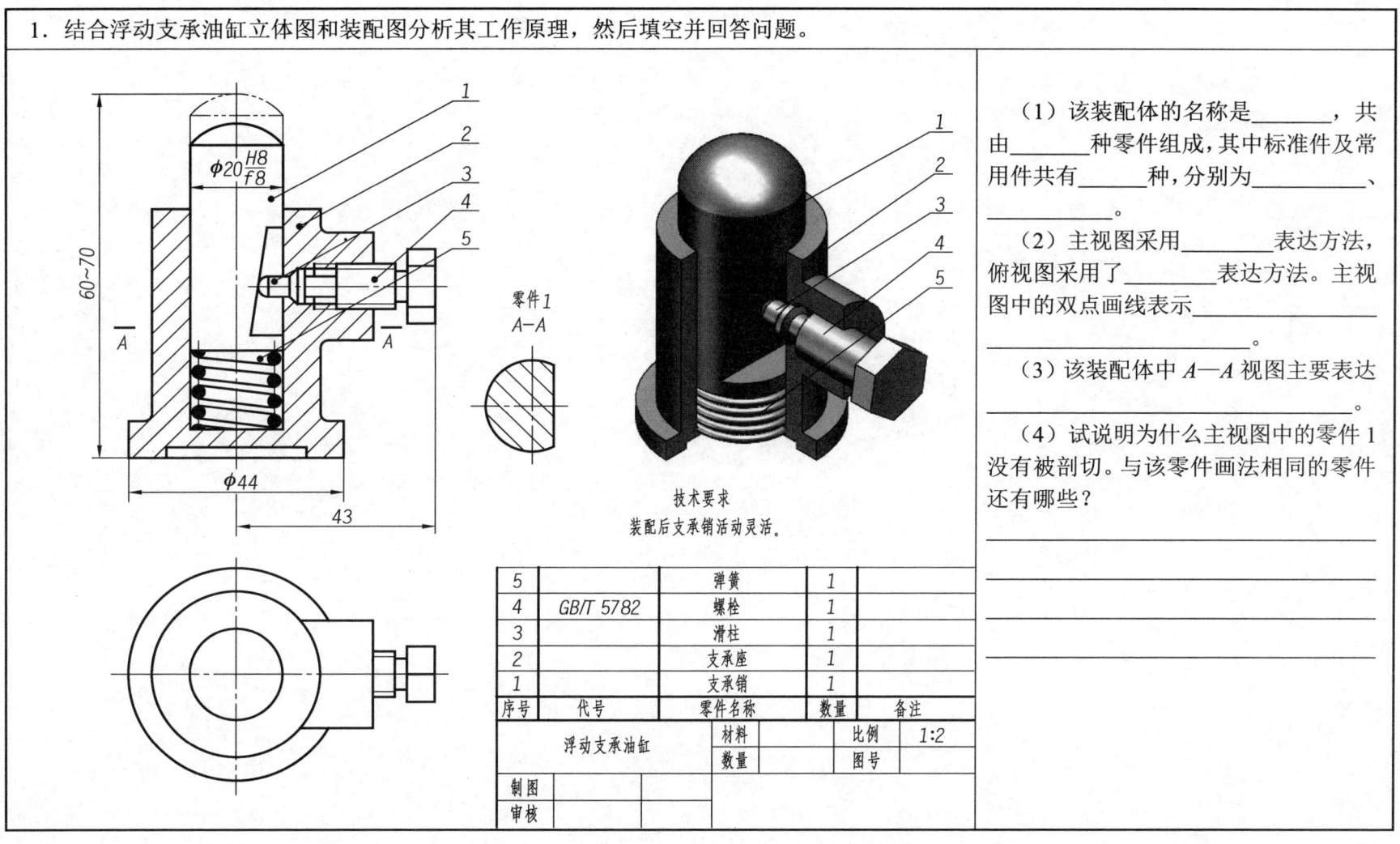

（1）该装配体的名称是_____，共由_____种零件组成，其中标准件及常用件共有_____种，分别为_____、_____。

（2）主视图采用_____表达方法，俯视图采用了_____表达方法。主视图中的双点画线表示_____。

（3）该装配体中 A—A 视图主要表达_____。

（4）试说明为什么主视图中的零件1没有被剖切。与该零件画法相同的零件还有哪些？

2. 识读柱塞泵装配图并完成填空。

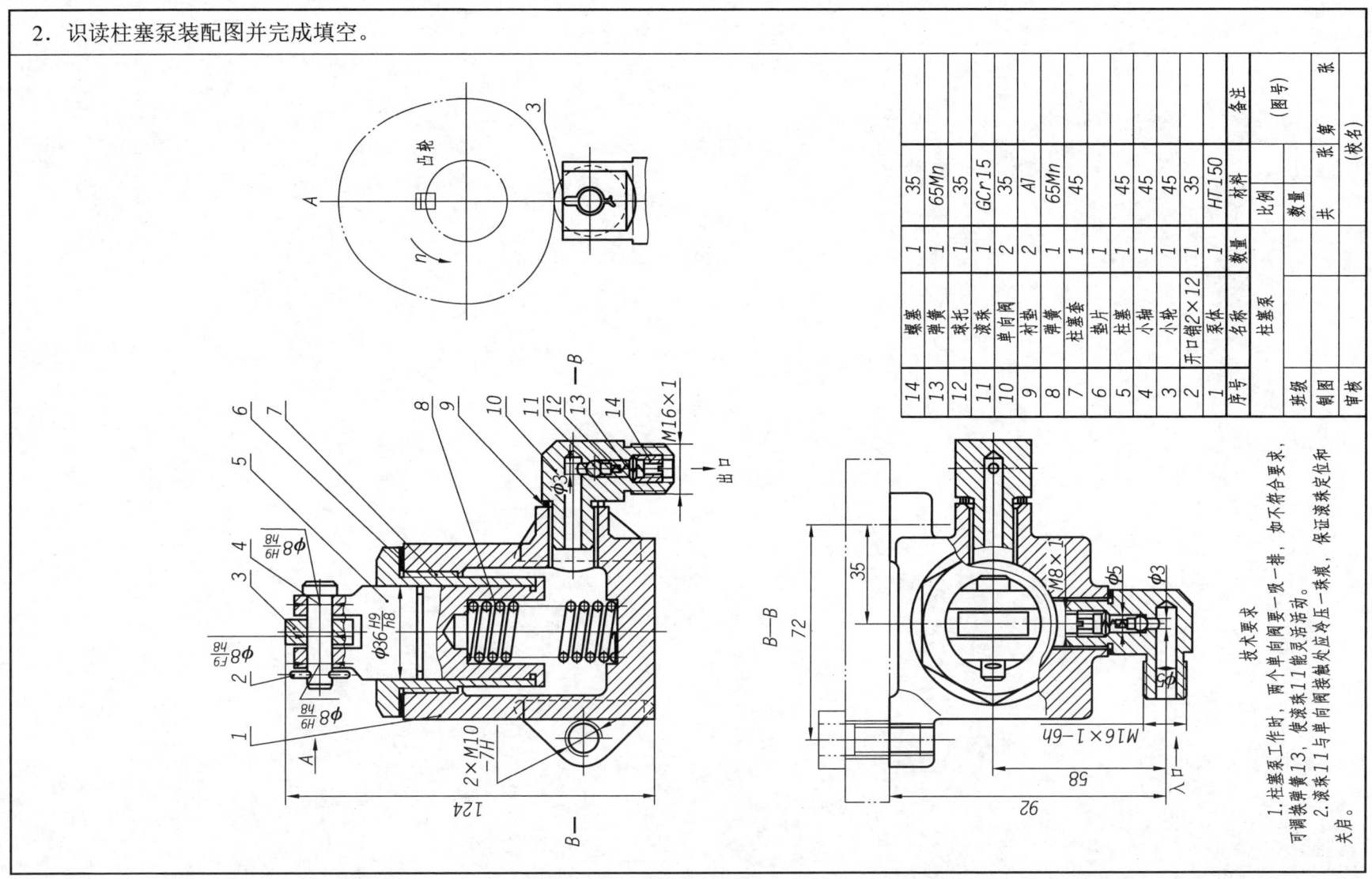

柱塞泵的工作原理：柱塞泵常用于机器的供油系统。当凸轮旋转时，柱塞 5 上下运动，使泵腔容积和压力产生变化。当柱塞 5 向上运动时，泵腔容积增大，压力减小，进油单向阀在大气压作用下打开，排油单向阀关闭，液体被吸入泵腔。当柱塞 5 向下运动时，泵腔容积减小，压力增大，此时排油单向阀打开，进油单向阀关闭，液体被排出泵腔。如此往复，从而实现供油系统的正常工作。

请完成下列填空。

（1）主视图采用了_____和_____剖视，俯视图中有_____处作了局部剖视。

（2）当凸轮大半径向下运动时，柱塞向_____运动，_____阀打开。

（3）要取出出口处单向阀的滚珠 11，必须顺序拆卸零件_____、_____、_____，才能取出滚珠 11。

（4）$\phi 36 \dfrac{H9}{h8}$ 是_____尺寸，它属于_____制，_____配合。

（5）柱塞泵的安装尺寸为_____。

（6）俯视图中六边形是_____号件的投影，主视图中的两个三角形是_____号件的投影，与 5 号件接触的零件有_____号件。

6-10 由装配图拆画零件图

识读阀装配图,在 A4 图纸上拆画管接头 6 的零件图(未标注的尺寸可从图中量取并按标题栏中的比例计算得出)。

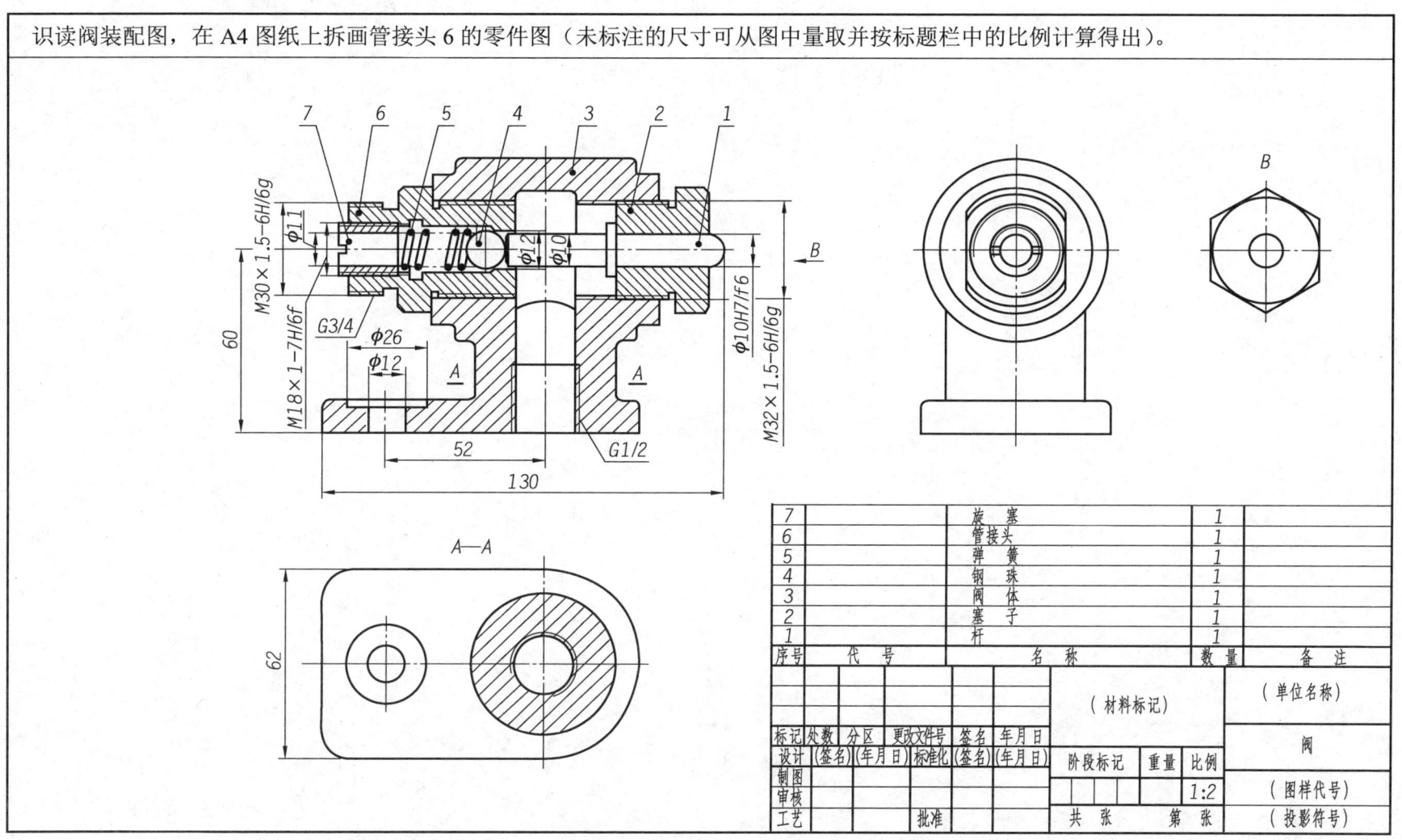

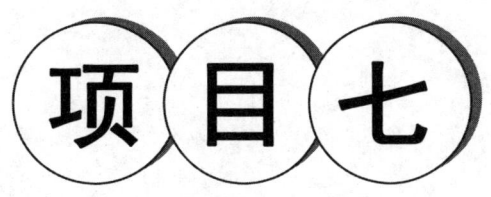

AutoCAD 的基本操作及应用

7-1　用 AutoCAD 绘制平面图形

1. 用 AutoCAD 新建图形文件，根据表中所示要求创建并设置各图层，将图形文件命名为"设置图层"并保存。

名称	颜色	线宽	线型
粗实线	白色	0.5 mm	Continuous
细实线	白色	0.25 mm	Continuous
虚线	黄色	0.25 mm	DASHED
单点画线	红色	0.25 mm	CENTER
双点画线	洋红	0.25 mm	DIVIDE
尺寸	绿色	—	Continuous

2. 用 AutoCAD 打开图形文件，利用对象捕捉功能，在图（a）的基础上绘制出如图（b）所示的图形（要求设置图层）。

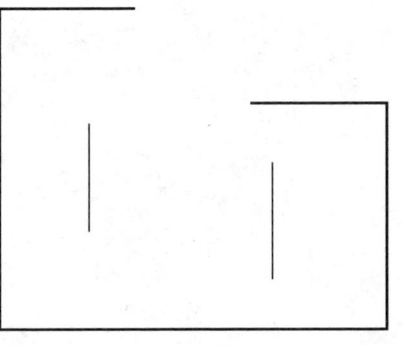

（a）原图

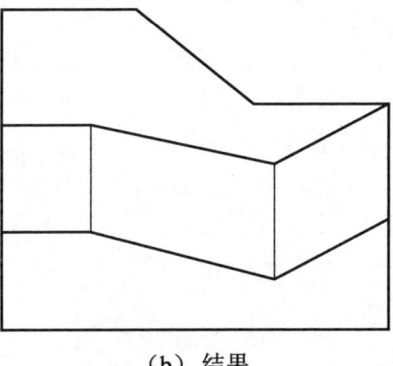

（b）结果

3. 用 AutoCAD 按下列步骤绘制平面图形，其尺寸按 1∶1 的比例量取（要求设置图层）。

（1）绘制大圆中心线和各圆。

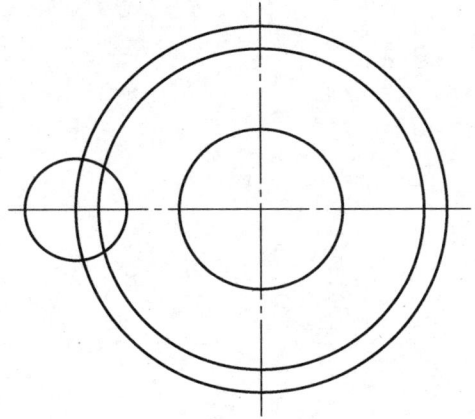

（2）绘制圆弧和直线。

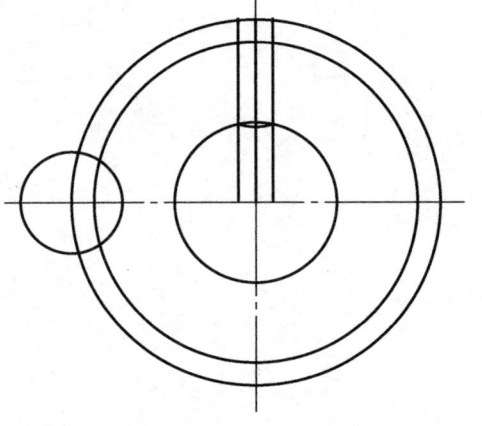

（3）修剪多余图线。

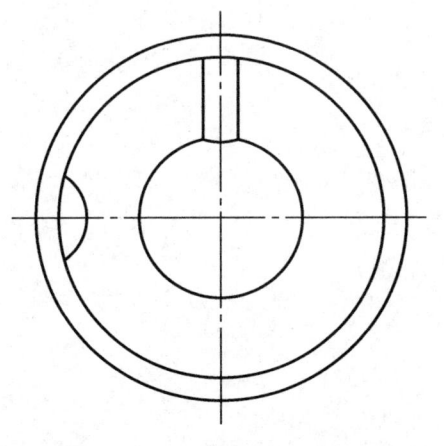

（4）环形阵列均布对象，并修剪多余图线。

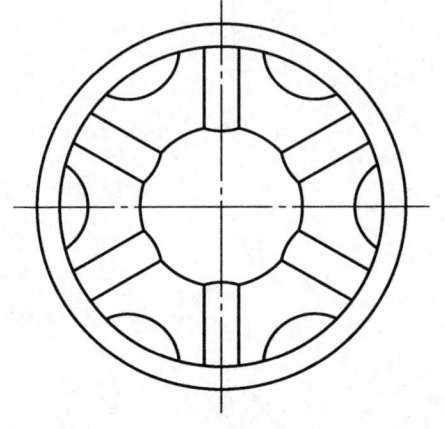

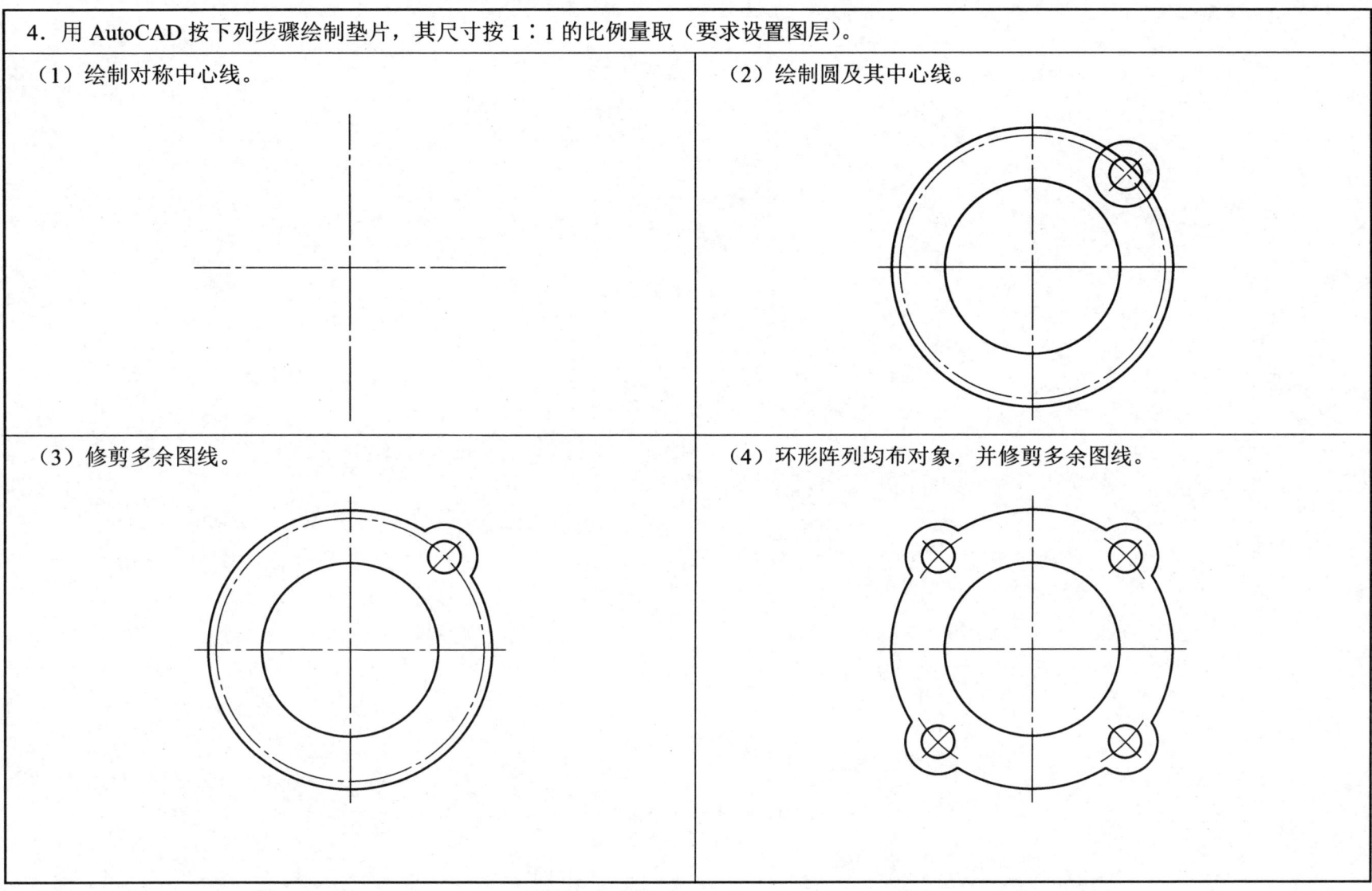

7-2 用 AutoCAD 标注尺寸

1. 用 AutoCAD 新建图形文件，并用"单行文字注释"输入以下文字。

   （1）A—A。

   （2）43°±2′。

   （3）$\phi 30f7\left(^{-0.020}_{-0.041}\right)$。

2. 用 AutoCAD 新建图形文件，并用"多行文字注释"输入以下文字。

   技术要求

   1. 铸体不得有缩孔、裂痕等缺陷。
   2. 未注铸造圆角 R2。
   3. 锐角倒角 C1。
   4. 应进行油压实验，5 min 内不得有漏油现象。

3. 用 AutoCAD 打开"文件夹\子文件夹\7-2-3.dwg"，在图（a）的基础上标注尺寸，结果如图（b）所示（要求使用"尺寸"图层）。

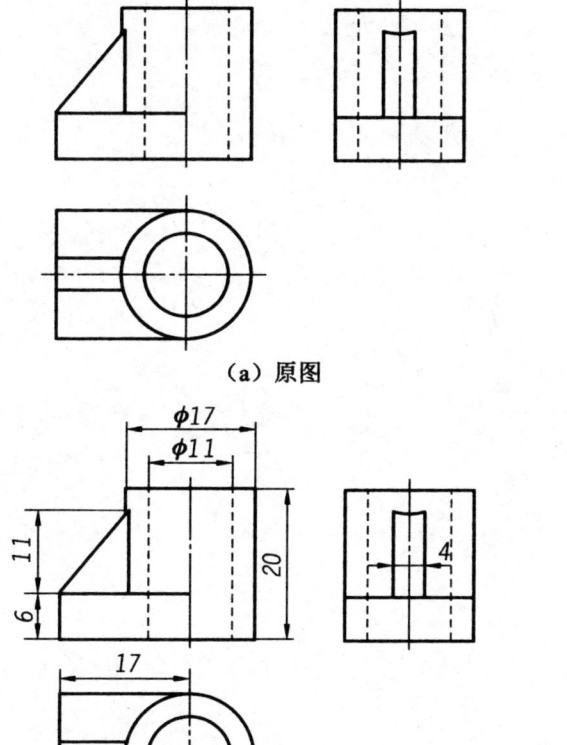

(a) 原图

(b) 结果

7-3 用 AutoCAD 绘制机械图样

1. 用 AutoCAD 设置图层、文字样式、标注样式和多重引线样式，按 1∶1 的比例绘制零件图并进行标注。

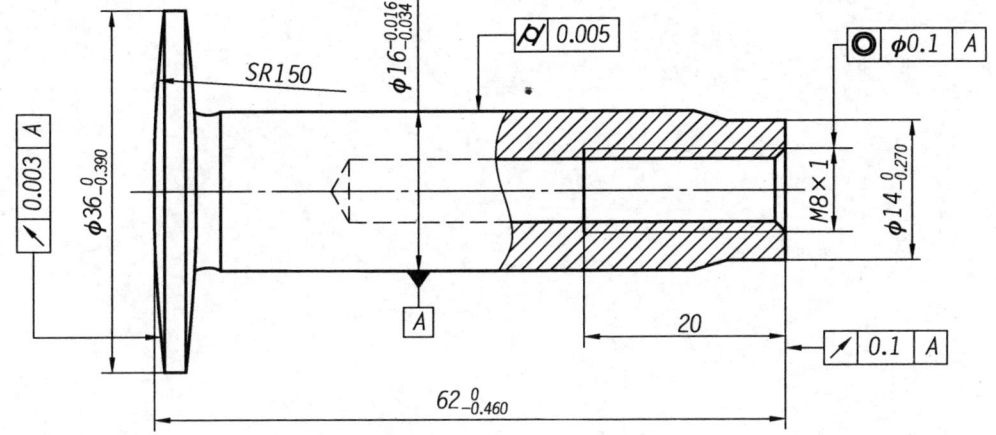

2. 根据装配图和零件图，用 AutoCAD 设置图层、文字样式、标注样式和多重引线样式，按 1∶1 的比例绘制钳座的零件图和装配图，并进行标注。

（1）轴（件1）零件图。

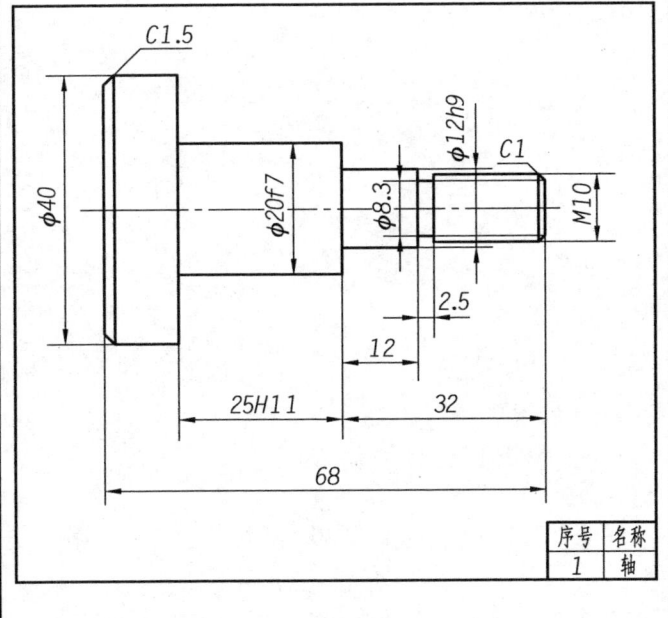

（2）滚轮（件2）零件图。

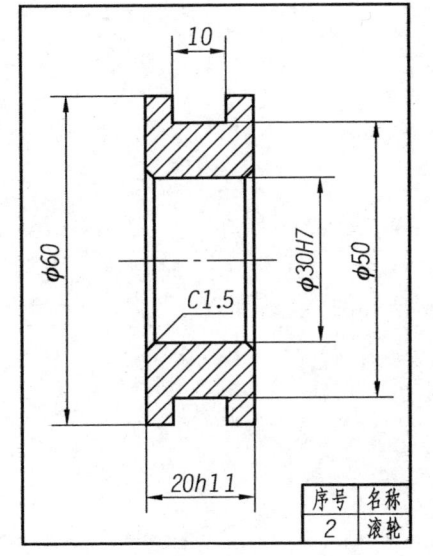

（3）铜套（件3）零件图。

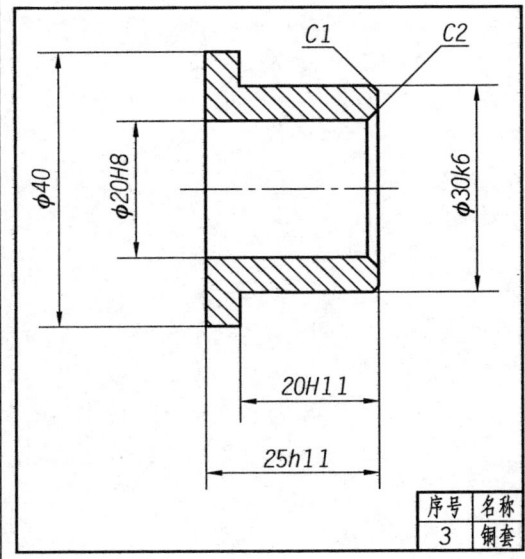

班级＿＿＿＿＿　学号＿＿＿＿＿　姓名＿＿＿＿＿

（4）托架（件4）零件图。

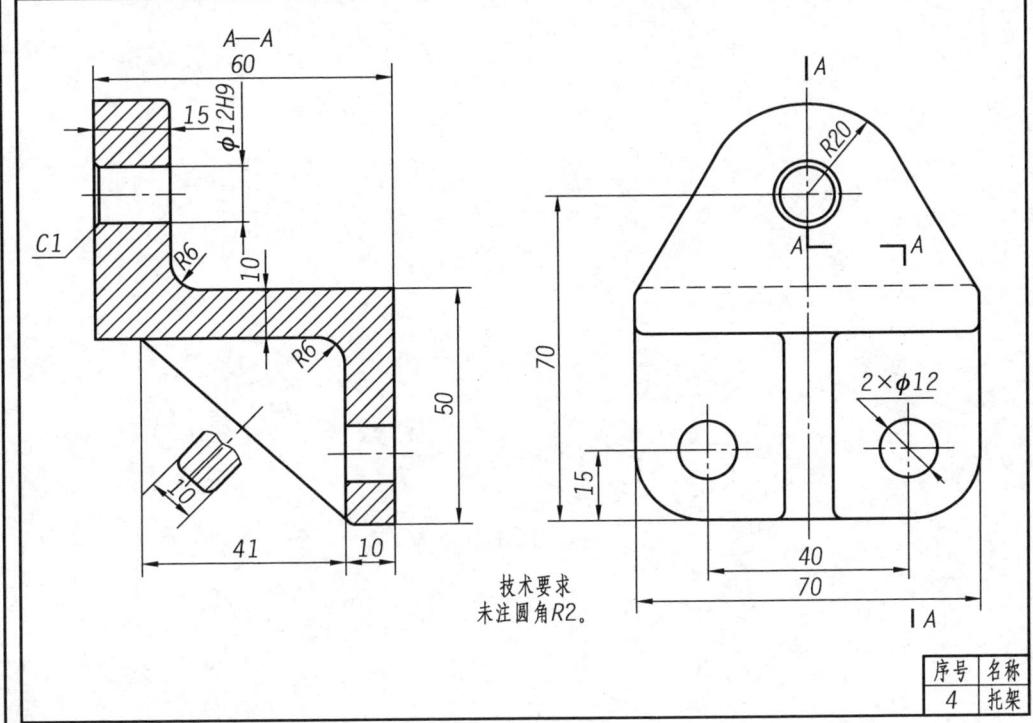

（5）螺母（件5）零件图。

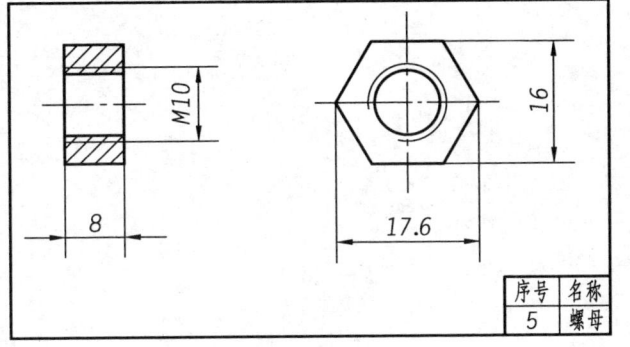

（6）垫片（件6）零件图。

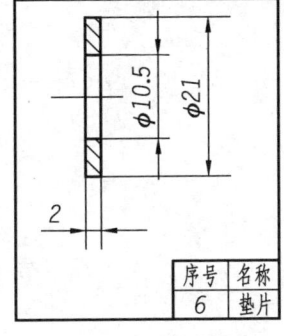

(7)装配图。

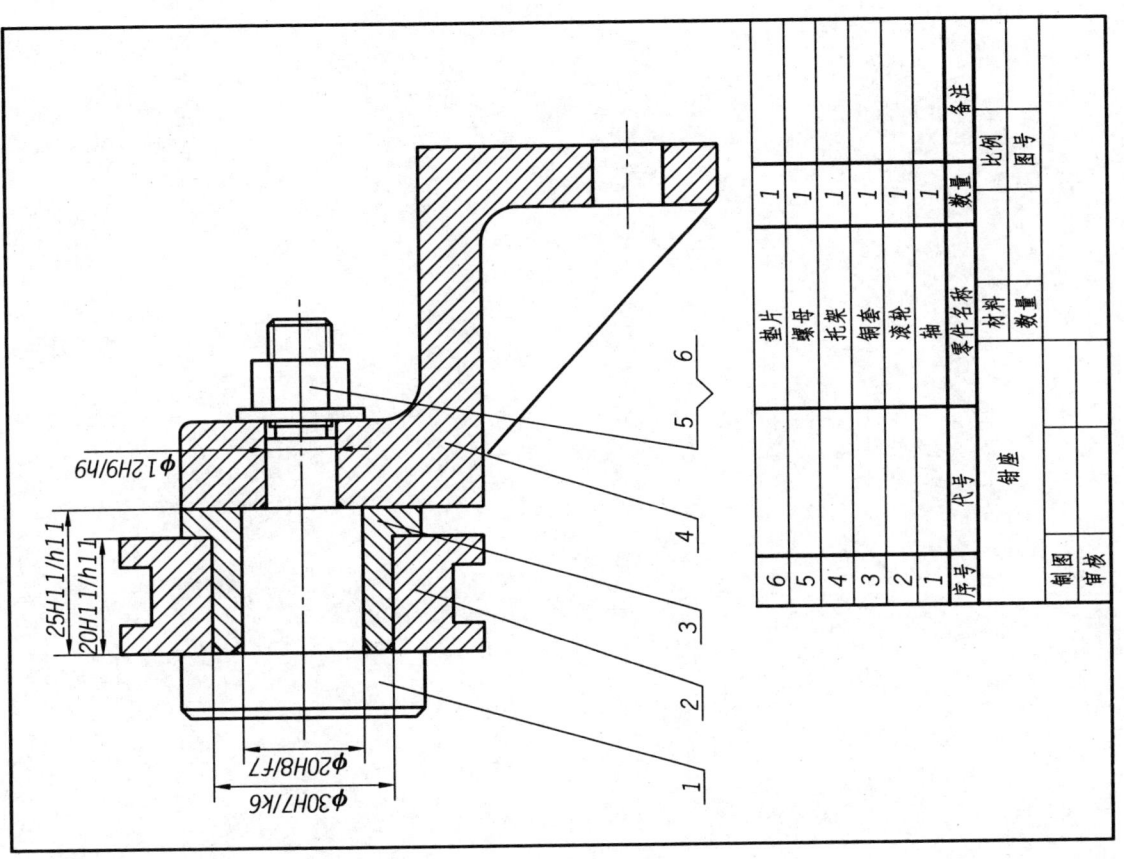